图解 → SIEMENS

西门子 S7-200

PLC

编程快速入门

韩相争 编著

>>>>>>>>>>>>>>>>>>>

TUJIE SIEMENS

S7-200 PLC BIANCHENG KUAISU RUMEN

 化学工业出版社

·北京·

U0274843

图书在版编目(CIP)数据

图解西门子S7-200PLC编程快速入门/韩相争编著.
—北京:化学工业出版社,2013.1(2017.3重印)
ISBN 978-7-122-15669-3

Ⅰ.①图…　Ⅱ.①韩…　Ⅲ.①plc技术-程序设计
Ⅳ.①TM571.6

中国版本图书馆CIP数据核字(2012)第248020号

责任编辑:宋　辉　　　　　　　　　　文字编辑:云　雷
责任校对:陈　静　　　　　　　　　　装帧设计:王晓宇

出版发行:化学工业出版社(北京市东城区青年湖南街13号　邮政编码100011)
印　　刷:北京永鑫印刷有限责任公司
装　　订:三河市宇新装订厂
787mm×1092mm　1/16　印张15½　字数366千字　2017年3月北京第1版第6次印刷

购书咨询:010-64518888　(传真:010-64519686)　售后服务:010-64518899
网　　址:http://www.cip.com.cn
凡购买本书,如有缺损质量问题,本社销售中心负责调换。

前言
FOREWORD

　　可编程控制器作为通用自动控制装置，以其结构简单、性能优越、可靠性高、通用性强等优点，广泛应用于工业生产的各个领域，并成为现代工业自动化的三大支柱之一。因此，掌握 PLC 的原理及编程方法，熟悉 PLC 的编程技巧，对于每个电气技术人员来说，都十分重要。

　　本书从实际应用的角度出发，以 PLC 的编程方法和系统设计为主线，重点阐述了德国西门子 S7-200PLC 的基本工作原理、功能及应用、指令系统、编程方法和应用系统的设计。

　　本书在编写的过程中，力求突出以下特色：

　　（1）从实用的角度出发，着重阐述 S7-200PLC 的编程方法和系统设计思路，为读者解决编程无从下手和系统设计缺乏实践经验的难题；

　　（2）语言通俗易懂，知识介绍配以大量的图片，生动形象；

　　（3）理论实践结合，编写过程中列举了大量的应用实例；

　　（4）设有"重点提示"等专栏，为读者介绍编程经验，突出重点。

　　本书共分 6 章，其主要内容为 PLC 概述、S7-200PLC 硬件组成与编程基础、S7-200PLC基本逻辑指令、S7-200PLC 基本功能指令、PLC 程序设计常用方法、PLC 控制系统的设计及附录。

　　本书在编写的过程中采用了 10 余种编程方法，书中融入了编者的大量经验，实例和图片丰富，读者易学易懂。

　　本书不仅为初学者提供了一套有效的编程方法，还为工程技术人员提供了大量的实践经验，可作为广大工程技术人员的自学和参考用书，也可作为高职高专自动化、机电一体化专业的 PLC 教材。

　　全书由韩相争编写，杨静、王星阳审阅。孙志强、乔海、宁伟超为本书编写提供了帮助，在此一并表示衷心的感谢。

　　由于编者水平有限，书中难免有不足之处，敬请广大读者和同仁批评指正。

编　者

目录
CONTENTS

第1章

PLC 概述

本章要点

- ◎ 从低压电器到 PLC
- ◎ PLC 定义、特点及分类
- ◎ PLC 应用领域及发展趋势
- ◎ PLC 控制系统的组成
- ◎ PLC 工作原理
- ◎ 继电器控制系统与 PLC 系统的比较

1.1 从低压电器到 PLC

低压电器是指工作在交流电压 1000V 及以下和直流电压 1500V 及以下的电路中，启通断、保护、控制和调节作用的电器。常用的低压电器有：接触器、继电器、主令电器、执行电器等。由这些常用的低压电器组成的电路连同生产现场（生产过程或被控对象）就形成了继电器控制系统。

众所周知，在 PLC 产生之前，继电器控制系统广泛地应用于工业的各个领域并发挥着不可替代的重要作用。虽然如此，继电器控制系统也存在着明显的缺点和不足，具体情况如下：

① 安装设备占据空间大，安装工作量大；

② 元器件和触点机构多，故障发生率高，维护较困难，可靠性差；

③ 控制功能集中在接线上，生产工艺或动作顺序一旦发生改变时，必须重新设计、布线、装配和调试，因此通用性、灵活性较差；

④ 继电器控制系统仅具有逻辑运算、定时等顺序控制功能。

通过上述的分析，显然这样的控制系统难以适应竞争日益激烈的市场要求，因此人们迫切需要寻找一种新的工业控制器来取代传统的继电器控制系统，使工业控制朝着更可靠、更灵活、更适应生产要求的方向发展。

1968 年，美国通用汽车公司（GM）为了适应生产工艺不断更新的要求，从用户的角度出发公开招标提出了研制新型工业控制器的设想。根据通用汽车公司的要求，美国数字设备公司（DEC）研制出来了世界上第一台 PLC，并且在通用汽车的生产线上成功试用，从而开创了工业控制的新局面。此后,西欧、日本也相继研制出来了自己的 PLC。

经过 40 多年的发展,目前已经实现"单机自动化—生产过程自动化—全厂自动化、无人化"的三级发展模式。PLC 以其强大功能特点成为现代工业自动化控制的三大支柱之一,被广泛地应用于机械、冶金、化工、交通、电力等领域。

1.2 PLC 定义及特点

1.2.1 PLC 名称的演变

纵观 PLC 的发展史,PLC 功能的变化导致了其名称的一系列演变,具体情况如下:早期的 PLC 因仅具有简单的逻辑运算,定时、计数等顺序逻辑控制功能,因此将其产品定名为"Programmable Logic Controller",译成可编程逻辑控制器,简称 PLC。这一时段的 PLC 其主要目的是为了取代传统的继电器控制系统。随着微电子技术和计算机技术的发展,尤其是微处理器技术的应用,使得 PLC 增加了数据运算、数据处理、数据传送等功能。这时的 PLC 不但可以实现顺序逻辑控制,而且还可以完成模拟量的控制,因此上述"可编程逻辑控制器"的叫法不足以描述其功能特点。1980 年,美国电气制造协会(National Electrical Manufacturers Association,简称 NEMA)将其正式命名为"Programmable Controller",译成可编程控制器,简称 PC。然而 PC 的这一简称早已成为个人计算机(Personal Computer)的代名词,为了避免混淆和加以区别,因此仍然将可编程控制器简写成 PLC,但这种写法并不代表可编程控制器仅有顺序逻辑控制功能。

特别需要说明的是,目前 PC 和 PLC 这两种写法均有使用,但出于从"名称易混淆和 PLC 简写沿用"的角度考虑,选用 PLC 为佳,本书均使用 PLC 这种简写。

1.2.2 PLC 的定义

因为 PLC 一直处于发展之中,所以尚未对其下最后的定义。1982 年 11 月,国际电工委员会(IEC)颁发了可编程控制器的标准草案第一稿,1985 年 1 月发表了第二稿,1987 年 2 又发表了第三稿。在第三稿中对可编程控制器作了如下定义:"可编程控制器是一种数字运算操作的电子系统,专为在工业环境下应用而设计。它采用了可编程序的存储器,用来在其内部存储和执行逻辑运算、顺序控制、定时、计数和算术运算等操作命令,并通过数字式和模拟式的输入和输出,控制各种类型的机械或生产过程。可编程控制器及外围设备,都按易于与工业系统联成一个整体、易于扩充其功能的设计原则设计。"

从上述的 PLC 的定义不难看出,主要强调了如下几点。

第一点,强调了可编程控制器是一种计算机,并且是一台"专为在工业环境下应用而设计"的计算机,因此它必须具有较高的抗干扰能力和广泛适用的能力。

第二点,强调了可编程控制器采用了"面向用户的指令"通过程序的编写可以完成逻辑运算、定时、计数等顺序逻辑控制,而且还有数字量和模拟量的输入、输出能力,因此要求 PLC 必须具有丰富的指令和强大的功能。

第三点,强调 PLC 可以通过程序的编写来控制生产机械和生产过程,并强调改变程序可以改变其控制功能，因此它必须具有可编程性和程序修改的灵活性。

第四点，强调 PLC 不仅仅只具有逻辑控制功能，此外还有与其他计算机和通信联网的功能，因此 PLC 必须与工业控制系统连为一体成为工业自动化的重要组成部分。

1.2.3 PLC 的特点

（1）可靠性高，抗干扰能力强

传统的继电器控制系统硬件元件（中间继电器，时间继电器等）和连接导线较多，因此极易发生触点接触不良，导线松动和虚接的故障。PLC 则采用软件编程代替了大量的中间继电器和时间继电器，仅仅保留少量必要的输入输出硬件元件和接线，因此降低了故障的发生率，可靠性大大提高。

复杂的工业环境需要 PLC 具有较强抗干扰能力，为此 PLC 在硬件和软件上都采取了相应的措施，具体表现如下。

在硬件方面的措施如下。

① 隔离措施：在 CPU 模块与输入、输出模块（I/O 模块）之间采用光电隔离措施，有效地隔离开 I/O 模块与 CPU 模块之间电的联系，减小了故障的发生率和误动作，并且每一路输入输出电路之间都存在着彼此的隔离。

② 滤波措施：在输入电路中设置 RC 滤波电路，以防止输入触点的抖动或外部脉冲干扰；CPU 中采用的多级滤波，以消除中间各个环节的干扰。

③ 屏蔽措施：对 CPU、编程器等主要部件，采用屏蔽措施，以防止外界干扰。

④ 采用模块结构：采用这种结构一旦发生故障，可立即更换相应的故障模块，既不影响生产又不影响模块的维修。

⑤ 采用备用电池：PLC 的外电源一旦断电，将与备用的锂电池供电，这样可以保存随机存储器（RAM）的用户程序和相关数据，使相应的状态和信息不会丢失。

在软件方面的措施如下。

① 自诊断：自诊断可以检查电源及内部硬件是否正常，编程语法是否错误。一旦出现错误和异常，则 CPU 能够根据错误类型和程序发出的提示信号有针对性的采取措施，甚至进行相应的错误处理，如：PLC 停止扫描或强制变成 STOP 方式。

② 设置看门狗时钟（WDT）：如果程序每次循环执行的时间超过了 WDT 规定的时间，预示程序进入了死区，应立即报警。

（2）通用性强，适应面广

PLC 产品硬件配套齐全，除整体式 PLC 外，大多数采用模块式结构，常用的模块有：CPU 模块，存储器模块，I/O 模块，电源模块，数字量混合模块，模拟量混合模块，接口模块，温度模块，PID(比例-积分-微分)模块，网络模块等。因此可根据生产工艺的要求，选择需要的模块进行组合。既适应单机的控制，也适应工厂自动化控制。

（3）功能强，性价比高

现代的 PLC 不仅具有逻辑运算、定时、计数等顺序控制功能，而且还具有数据处理、传送，算术运算，远程 I/O，通信等功能。随着新型器件的不断涌现，PLC 在性能大幅度提高的同时，价格也在不断地下降，因此取代继电器控制系统是必然的趋势。

（4）控制程序可变，节省了大量的时间

由于 PLC 利用软件编程代替了大量的中间继电器和时间继电器，当生产控制工艺或生产动作顺序发生改变时，PLC 无需更改硬件的接线，只需改变软件程序。一般来说，程序的改写要比硬件接线快得多，因此不但节省了不接线时间，而且还很方便。

（5）编程简单，易于掌握

梯形图是 PLC 使用最多的编程语言，它是在继电器控制系统电路图的基础上演绎出来的，因此二者在原理上十分相似，加之梯形图非常直观形象，对于熟悉继电器电路图的电气技术人员来说只要花上几天的时间就可以熟悉梯形图语言，并能用于用户程序的编写。

（6）系统设计、安装、调试工作量小

PLC 的梯形图程序一般用顺序控制设计法来设计（后面将重点强调这种方法），这种编程方法很有规律可循，易于掌握。对于复杂的控制系统来说，设计梯形图程序的时间要比设计相同功能继电器控制系统电路图的时间少得多。对于安装来说，PLC 采用软件编程来取代继电器控制系统中的大量的时间继电器和中间继电器，使控制柜的安装和布线工作量大大降低。PLC 的用户程序可在实验室调试，输入信号用小开关模拟，输出信号的状态可通过 PLC 上的发光二极管(LED)观察，如果发现输出有误，可通过发光二极管（LED）和编程软件提供的信息及时改正，大大地降低了现场调试的时间。

（7）维修方便，工作量小

PLC 的故障率很低，加之又具有完善的自诊断和显示功能。一旦 PLC 本身或外部输入或输出设备发生故障，可以根据 PLC 的发光二极管（LED）或编程软件提供的信息有针对性的查明故障，并且能迅速排除；也可采用更换模块的方法，既不耽误生产又可以倒出维修的时间，这种方法在实际中用得很多。

（8）体积小、重量轻、能耗低

PLC 是集成化很高的产品，是强弱电的综合体。其结构紧凑、体积小、重量轻、能耗小，加之抗干扰能力强，是机电一体化的理想控制设备。如西门子 CPU226 型 PLC，其外形尺寸为 190mm×80mm×62mm，重量为 550g，功耗为 11W。再如欧姆龙公司的 CJ1M 型 PLC，其外形尺寸为 90mm×65mm×336.7mm，重量为 2.3kg，功耗小于 25W。

1.3 PLC 应用领域及发展趋势

1.3.1 PLC 主要功能及应用领域

（1）数字量逻辑控制

数字量逻辑控制也称为开关量逻辑控制，是 PLC 通过对与（AND）、或(OR)、非（NOT）等指令的设置，来代替传统的继电器控制系统实现组合逻辑控制和顺序逻辑控制。数字量逻辑控制既可用于单机控制，又可用于自动化生产线控制。目前，其应用领域已深入到各个行业，甚至深入到了家庭，工厂中如对注塑机、组合机床、磨床、装配生产线、电镀流水线等的控制；家庭中如全自动洗衣机等。

（2）模拟量控制

在工业生产过程中，有许多连续变化的量，如温度、压力、流量、液压等，这些连续变化的量称为模拟量。为了使 PLC 能够处理这些模拟量，必须实现模拟量（Analog）和数字量（Digital）之间的转换即模数转换（A/D）和数模转换（D/A）。通常 PLC 厂家都生产配套的模数转换模块和数模转换模块，使 PLC 能够实现模拟量控制功能。

（3）顺序控制

顺序控制又称步进控制，所谓的顺序控制就是将生产工艺中的一个工作周期划分为若干个顺序相连的阶段，只要能够完成每个阶段的动作，那么整个生产工艺的任务就能实现，这种控制被称为顺序功能控制。顺序功能控制有其专门的控制指令如顺序控制继电器指令（SCR 指令），顺序控制应用领域较多如：电梯控制领域，电镀流水线和包装流水线领域等。

（4）运动控制

PLC 可实现圆周运动控制和直线运动控制。从控制机构配置的角度来说，早期往往直接采用开关量 I/O 模块连接位置传感器和执行机构，但现在 PLC 一般采用专门的运动控制模块如驱动步进电机或伺服电机的单轴位置模块和多轴位置模块。一般说来，模块的运动编程可以由 PLC 来实现，操作者往往用手动的方式将单轴或多轴移动到目标位置，当模块得知位置或运动参数后，可由编程语言来控制其速度和加速度运动参数。目前被广泛应用于各种机械、机床和电梯等场合。

（5）闭环过程控制

过程控制是指对温度、压力、流量等连续变化的模拟量的闭环控制。PLC 通过模拟量 I/O 模块实现模拟量与数字量的模数转换和数模转换，并对模拟量实行闭环 PID(Proportional Integral Derivative)控制。PID 控制一般为闭环控制系统多采用的方法，大中型 PLC 都有 PID 模块。目前许多小型 PLC 也具有此功能模块，并通过 PID 模块指令来实现 PID 闭环控制。现在闭环过程控制被广泛地用于冶金、化工、机械、建材、电力等多个领域。

（6）数据处理

现代的 PLC 具有数字运算（包括矩形运算，函数运算，逻辑运算，浮点运算等），数据传送、转换、排列、查表和位操作等功能，也可完成数据的采集和处理。这些数据基本有三大走向：① 在存储器中与参考值进行比较；② 通过通信功能传送到别的智能装置（变频器，数控装置等）；③ 将其打印制表；目前，在造纸、冶金、食品、无人控制等行业有应用。

（7）通信联网

PLC 的通信是指：PLC 与 PLC 之间，PLC 与上位机之间以及 PLC 与智能模块之间的通信。一般来说，PLC 与计算机之间可通过 RS-232C 接口连接。PLC、计算机及智能设备用双绞线、同轴电缆连成网络，已实现信号的交换，这样一来就构成了"集中管理，分散控制"的分布式控制系统。

需要指出的是，并不是所有的 PLC 具有以上全部功能，有的小型机仅仅具有上述部分功能，但价格相对比较便宜。

1.3.2 PLC 的发展趋势

随着 PLC 技术的推广和应用，PLC 将向如下几个方向发展。

（1）小型化、低成本

由于微电子技术的发展和集成化水平的提高，PLC 的结构将越来越紧凑，体积将越来越小，使用和安装越来越方便；随着新器件的不断涌现，主要部件的制造成本大大降低，致使 PLC 的价格也不断下降。

（2）系列化、标准化和模块化

每个生产 PLC 的厂家几乎都有自己的系列化产品，同一系列的产品指令和使用兼容性好，但不同厂家不同品牌 PLC 兼容性差，因此国际化统一标准还需日益完善。不同 PLC 厂家为了提高自己的竞争力，必然要开发各种模块使系统的构成更灵活、方便。一般 PLC 可分为主模块、扩展模块、I/O 模块以及各种智能模块等，每个模块体积较小，连接方便，使用简单，通用性好。

（3）高速度、大容量和高性能

大型 PLC 采用多微处理器系统，可同时进行多项任务操作，处理速度提高特别是增加了过程控制和数据处理的功能，存储容量也大大增加。

（4）软件化和网络化

为了给用户提供方便高效的编程界面，大多数 PLC 厂家均开发了图形化编程软件，使用户控制逻辑的表达更直观，操作更方便。此外，网络化也是 PLC 的一个发展趋势，如控制层出现控制网、设备网、现场总线，管理层出现了以太网等。

1.4 PLC 控制系统的组成

PLC 控制系统与一般的计算机控制系统一样，也是由硬件和软件两部分组成。

1.4.1 PLC 控制系统的硬件组成

目前 PLC 的生产厂家很多，其产品结构也不一致，但硬件组成大致相同。本书将采用经典的计算机结构对 PLC 硬件组成进行讲解，如图 1-1。从图中不难发现，PLC 控制系统的硬件由主机（即 PLC 的本体）、输入输出电路和外围设备组成。主机包括 CPU 模块，存储器模块，输入输出接口模块，电源模块。

（1）主机

主机即 PLC 的本体，它是 PLC 控制系统的核心部分，我们可以将其看成由 CPU 为控制中枢的专用计算机，具体组成如下。

① CPU 模块

早期的 PLC 大多采用整体式结构（整体式是指将各个部件集中印制在同一电路板上，并连同电源统一封装在同一塑料机箱内），而目前市场上多采用模块式结构（各个部件独立封装，每个部件叫模块）。各个模块均通过系统总线（地址总线、控制总线、数据总线）连接，形成一个统一的整体。这个整体中最核心的模块为 CPU 模块，它由微处理器、通信接口组成。

● 微处理器：微处理器也称 CPU，是 PLC 的控制核心部分，相当于人的大脑和心脏，它不断地采集输入电路的信息执行用户程序，刷新系统输出，以实现现场各个设备的控制。

其中 CPU 由两部分组成，它们分别是运算器和控制器。运算器是指完成逻辑、算术等运算的部件。控制器是指用来统一指挥和控制 PLC 工作的部件。

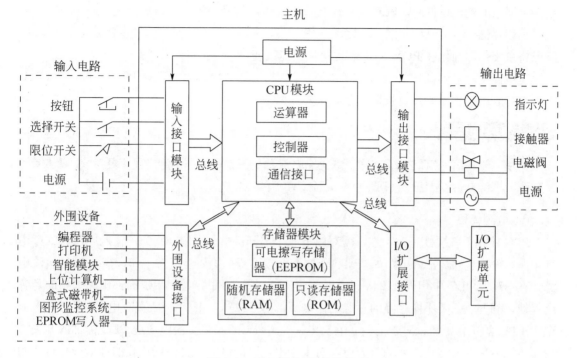

图 1-1　PLC 控制系统的组成

　　通常 PLC 采用的 CPU 有三种形式，分别为通用微处理器、单片机芯片和位片式微处理器。一般说来，小型 PLC 多采用 8 位通用微处理器或单片机芯片作为 CPU，它具有价格低、普及通用性好等优点。中型 PLC 多数采用 16 位微处理器或单片机作为 CPU，其具有集成度高、运算速度快、可靠性高等优点。大型 PLC 多采用位片微处理器作为 CPU，其具有灵活性强、速度快、效率高的优点。需要指出的是，目前一些生产厂家（如德国西门子公司）在生产 PLC 时，采用冗余技术即采用双 CPU 或三 CPU 工作，使 PLC 平均无故障工作时间达几十万小时以上。

　　● 通信接口：通信接口全称为 RS-485 通信口，对于 S7-200 小型 PLC 来说，通常 CPU 模块有一个或两个通信口，用以与计算机、编程器连接，实现编程、调试、运行、监视等功能。如 CPU221、CPU222、CPU224 具有 1 个 RS-485 通信口，CPU224XP、CPU226、CPU226CN 有 2 个 RS-485 通信口。

　　需要说明的是，PLC 与计算机之间通过 PC/PPI 电缆实现通信，通常标有 PC 端（Personal Computer，个人计算机）与计算机相连，标有 PPI 端（Point-to-Point Interface，点对点接口）与 PLC 的 RS-485 通信口相连。

　　② 存储器模块

　　PLC 的存储器由随机存储器（RAM）、只读存储器（ROM）和可电擦写存储器（EEPROM）三部分构成，其功能主要是存储系统程序、用户程序及中间工作数据。

　　随机存储器（RAM）用来存储用户程序和中间运算数据，它是一种高密度、低功耗、价格廉的半导体存储器。其不足在于数据存储具有易失性,往往配有锂电池作为备用电源,当外接电源掉电时有锂电池供电,这样可以防止数据的丢失。一般说来,锂电池的寿命在 1～3 年,当锂电池电压过低时,PLC 指示灯会放出欠电压信号,提醒用户更换电池。

只读存储器(ROM)用来存储系统程序,是一种非易失性存储器。在 PLC 出厂时,厂家已将系统程序固化在 ROM 中,通常用户不能改变。

可电擦写存储器(EEPROM)兼有 ROM 非易失性和 RAM 随机存取的优点,在 S7-200PLC 中用来存取用户程序和需要长期保存的重要数据。

重点提示

为了方便修改和调试,常常将用户程序先存放到 RAM 中,当用户程序经考核、修改完善后,再将其固化在 EEPROM 中,从而代替了 RAM。

③ 电源模块

PLC 控制系统要能正常工作,需对以下三个部分供电,它们分别为:输入电路、PLC 内部电路、输出电路。输入电路如按钮、传感器、接近开关等要能正常工作,需要 24V 直流电源,在 S7-200PLC 中由内部 24V 直流工作电源向外部元件供电;PLC 内部电路(指的是各个模块之间)也需要不同等级的直流工作电源,如±12V、24V 和 5V 直流电,其中 5V 直流电为 CPU 的工作电压;对于前两者的供电往往将外接 220V 交流电通过 PLC 内部的开关式稳压电源转化为各自所需要的直流电。对于输出电路的供电需要根据负载的性质选择合适的直流或交流电源。

④ 输入输出接口模块

输入输出接口模块(Input Out Unit,简称 I/O 模块),相当于人的眼睛耳朵和四肢,是联系外部设备(输入输出电路)和 CPU 模块的桥梁,本质上就是 PLC 传递输入输出信号的接口部件。其具有传递信号、电平转换与隔离作用。

● 输入接口模块:用来接收和采集现场输入信号,经滤波、光电隔离、电平转换后以能识别的低压信号形式送交给 CPU 进行处理。输入接口模块按其接收的信号形式的不同,可分为模拟量输入接口模块和数字量输入接口模块,模拟量输入接口模块用来接收电位器、测速发电机和各种变压器提供的模拟电压、电流信号;数字量输入接口模块(又称开关量接口模块)用来接收从按钮、选择开关、限位开关、接近开关、光电开关、传感器等传来的数字量输入信号。输入接口模块按其供电电源的性质不同,可分为直流输入接口模块、交流输入接口模块、交直流输入接口模块。鉴于以上三者在电路组成形式上大同小异,下面将以直流输入接口模块为例进行讲解。

直流输入接口模块电路原理图如图 1-2 所示,图 1-2 中是 S7-200PLC 的直流输入接口模块的内部电路和外部接线图,图中只画了一路输入电路,其他各路与之相同,但各路之间互不干扰。在直流输入模块中,R1 为限流电阻,R2 和 C 组成了组容滤波电路,可以滤出输入信号的谐波;VL 为指示灯,VLC 为光电耦合器可以实现光电隔离和提高 PLC 的抗干扰能力;其中 24V 直流电源极性可任意改变。

工作原理:当输入开关 S 闭合时,经 R1、VLC 的一个发光二极管、输入指示灯 VL 构成通路，光敏三极管饱和导通，输入信号经滤波器滤波后转换成 5V 的直流输入信号，因此将外部开关的 ON 代码 1 写入 CPU 内部；当输入开关 S 断开时，光电耦合器 VLC 中的发光二极管不发光，光敏三极管处于截止状态，所以在 CPU 内部写入 0。

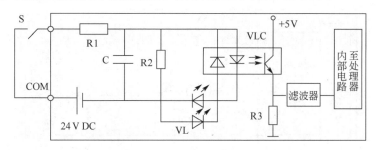

图 1-2　PLC 输入接口电路

● 输出接口模块：根据驱动负载元件的不同，可以将输出接口模块分为：继电器输出接口模块、晶体管输出接口模块、双向晶闸管输出接口电路。

a. 继电器输出接口模块，如图 1-3 所示。该输出接口模块通过驱动继电器线圈来控制常开触点的通断，从而实现对负载的控制。通常继电器输出型既能驱动交流负载，又能驱动直流负载，驱动能力一般在 2A 左右。它具有使用电压范围广，导通压降小，承受瞬时过电压和过电流能力强的优点，但动作速度较慢，寿命相对无触点器件来说要短，工作频率较低。一般适用于输出量变化不频繁和频率较低的场合。

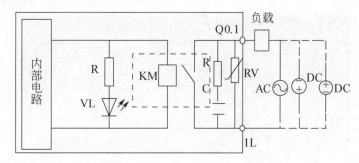

图 1-3　继电器输出接口电路

继电器输出接口模块的工作原理：当内部电路的状态为 1 时，继电器 KM 的线圈得电，其常开触点闭合，负载得电。同时输出指示灯 VL 点亮，表示该路有输出；当内部电路的状态为 0 时，继电器 KM 的线圈失电，其常开触点断开，负载断电。同时输出指示灯 VL 熄灭，表示该路无输出。其中与触点并联的 RC 电路和压敏电阻 RV 用来消除触点断开产生的电弧。

b. 晶体管输出接口模块，如图 1-4 所示。晶体管输出型也称直流输出型，属于无触点输出型模块，因输出接口模块的输出电路采用晶体管而得名，其输出方式一般为集电极输出型。该输出接口模块通过控制晶体管的通断，从而控制负载与外接电源通断。一般说来，晶体管输出接口模块只能驱动直流负载,驱动负载能力每一个输出点在0.75A左右。它具有可靠性强,执行速度快,寿命长等优点,但其过载能力差。往往适用于直流供电和输出量变化较快的场合。

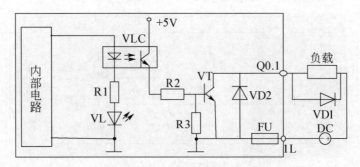

图1-4 晶体管输出接口电路

晶体管输出接口模块的工作原理:当内部电路的状态为1时,光电耦合器VLC导通,使得大功率晶体管VT饱和导通,负载得电。同时输出指示灯VL点亮,表示该路有输出。当内部电路的状态为0时,光电耦合器VLC不导通,使得大功率晶体管VT截止,负载断电。同时输出指示灯VL熄灭,表示该路无输出。其中熔断器FU的作用是防止负载短路而损坏PLC;当负载为感性时,会产生较大的反向电动势,为了防止VT过电压损坏,在负载两端并联了续流二极管VD1为放电提供了回路。VD2为保护二极管,为了防止外部电源极性接反、电压过高或误接交流电源使晶体管损坏。

c. 双向晶闸管输出型,如图1-5所示。双向晶闸管输出型也称交流输出型,双向晶闸管输出型和晶体管输出型一样,都属于无触点输出型接口模块。该输出接口模块通过控制双向晶闸管的通断,从而控制负载与外接电源通断。通常双向晶闸管输出接口模块只能驱动交流负载,驱动负载能力一般在1A左右,它具有可靠性强、反应速度快,寿命长等优点,但其过载能力差。往往适用于交流供电和输出量变化快的场合。

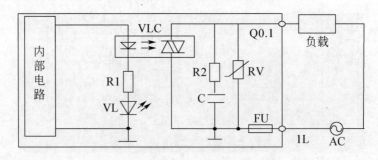

图1-5 双向晶闸管输出接口电路

双向晶闸管输出接口模块的工作原理:当内部电路的状态为1时,光电耦合器VLC中的发光二极管导通发光,相当于给双向晶闸管一个触发信号,双向晶闸管导通,负载得电,同时输出指示灯VL点亮,表示该路有输出。当内部电路的状态为0时,光电耦合器VLC中的发光二极管不发光,双向晶闸管无触发信号,双向晶闸管不导通,负载失电,输出指示灯VL不亮,表示该路无输出。其中熔断器FU的作用是防止负载短路而损坏PLC;当感性负载断电,阻容电路RC和压敏电阻RV会吸收电感释放的磁场能,从而保护了双向晶闸管。

（2）输入输出电路

PLC 的基本功能就是控制，它采集被控对象的各种信号，经过 PLC 处理后，通过执行设备实现对被控对象的控制。输入电路就是检测、采集、转换和输入被控对象（机械设备或控制过程）信号的装置。此外输入电路还包括安装在控制台上的按钮、开关等，它们也可以向 PLC 发出控制命令。常见的输入电路由各种传感器、光电开关、限位开关、按钮构成。其中传感器、光电开关、限位开关是检测采集被控对象的装置，按钮是发出控制命令的装置。输出电路是接收 PLC 输出信号并对被控对象实现控制的装置，常见的输出电路由接触器、电磁阀等构成。想对输入、输出电路有形象化的理解，请见图 1-1 PLC 控制系统组成框图。

（3）外围设备

PLC 的外围设备很多，其功能都是对信息和数据进行处理。常见的外围设备有编程器、智能模块、上位计算机、打印机等。其中编程器是 PLC 中最重要的外围设备之一，编程器是用来生成用户程序，并用它来实现对用户程序的编辑、检查、修改和监控。

常见的编程器有两种，它们分别是手持式编程器和含 PLC 编程软件的计算机。手持式编程器不能直接生成和编辑梯形图(一种最常用 PLC 的语言，后面要讲)，它只能输入和编辑指令表程序（也是 PLC 的一种编程语言），因此也称指令编程器。其体积小，价格廉，一般适用于小型 PLC 或现场调试与维修。含 PLC 编程软件的计算机可以直接生成和编辑梯形图，并能实现梯形图、指令表、功能块图等不同语言的相互转化。S7-200 系列 PLC 在编程时，计算机通常采用 STEP7-Micro/WIN4.0 编程软件。当用户程序编辑好后，可将其下载到 PLC 中，也可将 PLC 中的程序上载到计算机上。

重点提示

PLC 程序不能下载的常见问题：

① PLC 没有通电；

② PLC 与计算机间忘记连接 PC/PPI 电缆；

③ PLC 或计算机出现了通信故障。

1.4.2 PLC 控制系统的软件组成

PLC 控制系统除需要硬件系统外，还需软件系统的支持，二者之间缺一不可，共同构成了 PLC 的控制系统。PLC 的软件系统通常由两部分组成，它们分别是系统软件和用户软件。

（1）系统软件

系统软件在产品出厂时，由厂家固化在只读存储器（ROM）中，通常用户不能改变。系统软件其功能是控制 PLC 的运行，通常由系统管理程序、用户指令解释程序、标准程序模块及系统调用三部分构成。

① 系统管理程序　系统管理程序是系统软件中最重要、最核心的部分，它主管控制 PLC 的运行，使整个 PLC 有条不紊地工作。其作用可以概括为三个方面：

● 运行管理：时间分配的运行管理即控制 PLC 输入、输出、运行、自检及通信的时序；

● 存储空间的分配管理：主要进行存储空间的管理即生成用户环境，由它规定各种参数、程序的存放地址,将用户使用的数据参数存储地址转化为实际的数据格式及物理存放地址等,它将有限的资源变为用户可直接使用的很方便的元件。例如它们可将有限个CTC扩展为上百个用户时钟和计数器,通过这部分程序,用户看到的就不是实际机器存储地址和CTC的地址了,而是按照用户数据结构排列的元件空间和程序存储空间。

● 系统自检程序:它包括各种系统出错检验、用户程序语法检验、句法检验、警戒时钟运行等。

② 用户指令解释程序 用户指令解释程序的主要任务是将用户编程使用的 PLC 语言(如梯形图语言)变为机器能懂的机械语言程序,用户指令解释程序是联系高级程序语言和机器码的桥梁。众所周知,任何计算机最终执行的都是机器语言指令,但用机器语言编程却是非常复杂的事情。PLC 可用梯形图语言编程,把使用者直观易懂的梯形图变成机器语言,这就是解释程序的任务。解释程序将梯形图逐条翻译成相应的机器语言指令,再由 CPU 执行这些指令。

③ 标准程序模块及系统调用 标准程序模块和系统程序调用由许多独立的程序组成,各程序块具有不同的功能,有些完成输入、输出处理,有些完成特殊运算等。

（2）用户软件

用户软件也称用户程序,所谓的用户软件（用户程序）是指用户利用 PLC 厂家的编程语言根据工业现场的控制要求编写出来的程序。它通常存储在用户存储器（即可电擦写存储器 EEPROM）中,用户可根据控制的实际需要,对原有的用户程序进行相应的修改、增加或删除。用户软件（用户程序）包括开关量逻辑控制程序、模拟量控制程序、PID 闭环控制程序和操作站系统应用程序等。

在 PLC 的应用中,最重要的是利用 PLC 的编程语言来编写用户程序,以实现对工业现场的控制。PLC 的编程语言种类繁多,常用的有梯形图语言、指令表语言、顺序功能图语言、功能块图语言、结构文本等。对于这些编程语言,我们将在下一节详细介绍。

1.5 PLC 编程语言

利用 PLC 厂家的编程语言来编写用户程序是 PLC 在工业现场控制中最重要的环节之一,用户程序的设计主要面向的是企业电气技术人员,因此对于用户程序的编写语言来说,应采用面对控制过程和控制问题的"自然语言",1994 年 5 月国际电工委员会（IEC）公布了 IEC61131-3《PLC 编程语言标准》,该标准具体阐述、说明了 PLC 的句法、语义和 5 种编程语言,具体情况如下:

① 梯形图语言（Ladder Diagram，LD）;

② 指令表（Instruction List，IL）;

③ 顺序功能图（Sequential Function Chart，SFC）;

④ 功能块图（Function Block Diagram，FBD）;

⑤ 结构文本（Structured Text，ST）。

在该标准中,梯形图（LD）和功能块图（FBD）为图形语言;指令表（IL）和结构文本

（ST）为文字语言；顺序功能图（SFC）是一种结构块控制程序流程图。

1.5.1　梯形图

梯形图是 PLC 编程中使用最多的编程语言之一，它是在继电器控制电路的基础上演绎出来的，因此分析梯形图的方法和分析继电器控制电路的方法非常相似。对于熟悉继电器控制系统的电气技术人员来说，学习梯形图不用花费太多的时间。

（1）梯形图的基本编程要素：

梯形图通常由触点、线圈、指令盒三个基本编程要素构成，为了进一步了解梯形图，需要清楚以下几个基本概念。

◆ 能流：在梯形图中，为了分析各个元器件输入输出关系，而引入的一种假象的电流，我们称之为能流。通常认为能流是按从左到右的方向流动，能流不能倒流，这一流向与执行用户程序的逻辑运算关系一致，见图 1-6。在图 1-6 中，在 I0.0 闭合的前提下，能流有两条路径：一条为触点 10.0、I0.1 和线圈 Q0.0 构成的电路，另一条为触点 Q0.0、I0.1 和 Q0.0 构成的电路。

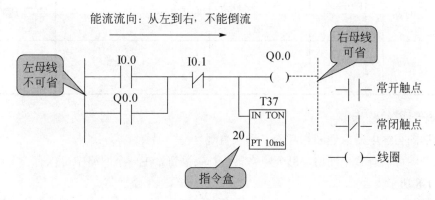

图 1-6　PLC 的梯形图

◆ 母线：梯形图中两侧垂直的公共线，称之为母线。通常左母线不可省，右母线可省，能流可以看成由左母线流向右母线，如图 1-6 所示。

◆ 触点：触点表示逻辑输入条件。触点闭合表示有"能流"流过，触点断开表示无"能流"流过。常用的有常开触点和常闭触点 2 种，如图 1-6 所示。

◆ 线圈：线圈表示逻辑输出结果。若有"能流"流过线圈，线圈吸合，否则断开。

◆ 指令盒：代表某种特定的指令。"能流"通过指令盒时，则执行指令盒的功能，指令盒代表的功能有多种，如：定时、计数、数据运算等，如图 1-6 所示。

（2）举例

三相异步电动机的启保停电路，如图 1-7 所示。

通过上图的分析不难发现，梯形图的电路和继电器的控制电路一一呼应，电路结构大致相同，控制功能相同，因此对于梯形图的理解完全可以仿照分析继电器控制电路的方法。对于二者元件的对应关系见表 1-1。

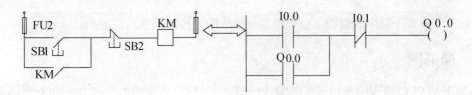

图 1-7　三相异步电动机的启保停电路

表 1-1　梯形图与继电器的对照表

梯形图电路			继电器电路	
元件	符号	常用地址	元件	符号
常开触点	―┤├―	I、Q、M、T、C	按钮、接触器、时间继电器、中间继电器的常开触点	
常闭触点	―┤/├―	I、Q、M、T、C	按钮、接触器、时间继电器、中间继电器的常闭触点	
线圈	―( )―	Q、M	接触器、中间继电器线圈	
指令盒	定时器　IN TON PT 10ms Tn	T	时间继电器	
	计数器　CU CTU R PV Cn	C	无	无

（3）梯形图的特点

◆ 梯形图与继电器原理图相呼应，形象直观，易学易懂。

◆ 梯形图可以有多个网络，每个网络只写一条语言，在一个网络中可以有一个或多个梯级，如图 1-8 所示。

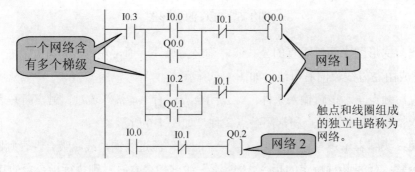

图 1-8　梯形图特点的验证

◆ 每行起于左母线，然后为触点的连接，最后终止于线圈或是右母线。

◆ 梯形图书写时同一网络自左向右，不同网络自上而下。

◆ 能流不是实际的电流，是为了方便对梯形图的理解假想出来的电流，能流方向从左向右，不能倒流。

◆ 在梯形图中每个编程元素应按一定的规律加标字母和数字串，例如 I0.0 与 Q0.1。

◆ 梯形图中的触点、线圈仅为软件上的触点和线圈，不是硬件上（实际）的触点和线圈，因此在驱动控制设备时需要接入实际的触点和线圈。

◆ 在梯形图中，同一编号的触点可用多次，同一编号的线圈不能用多次，否则会出现双线圈（同一编号的线圈出现的次数大于等于2）问题。

（4）梯形图的书写规律：

◆ 写输入时：要左重右轻，上重下轻，如图1-9所示。

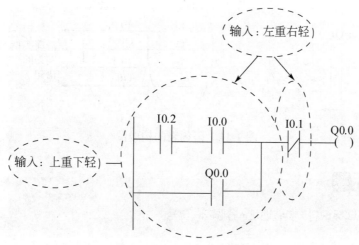

图1-9　梯形图的书写规律

◆ 写输出时：要上轻下重，如图1-10所示。

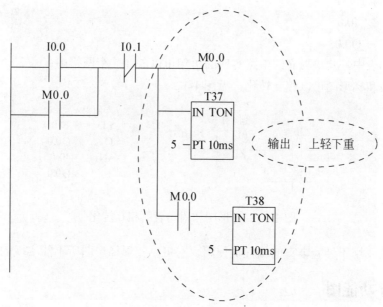

图1-10　梯形图的书写规律

1.5.2　语句表

在S7系列的PLC中将指令表称之为语句表（Statement List，STL），语句表是一种类似于微机汇编语言的一种文本语言。

（1）语句表的构成

语句表由助记符（也称操作码）和操作数构成。其中助记符表示操作功能，操作数表示指定的存储器的地址，语句表的操作数通常按字节存取，如图 1-11 所示。

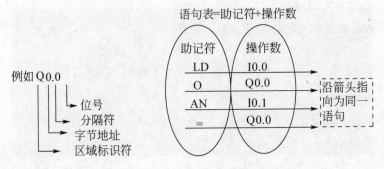

图 1-11　语句表的构成图

重点提示

操作数=区域标识符+字节地址+分隔符+位号

（2）语句表的特点

◆ 在语句表中，一个程序段由一条或多条语句构成；多条语句的情况如图 1-12 所示；一条语句情况如下：

```
LD      I0.0
=       Q0.0
```

◆ 在语句表中，几块独立的电路对应的语句可以放在一个网络中；

◆ 语句表和梯形图可以相互转化，见图 1-12。

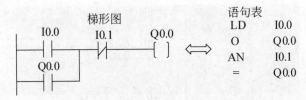

图 1-12　梯形图和语句表的相互转化

◆ 语句表示用于经验丰富的编程员使用，它可以实现梯形图所不能实现的功能。

1.5.3　顺序功能图

顺序功能图是一种图形语言,在 5 种国际标准语言中顺序功能图被确定为首位编程语言,尤其是在 S7-300/400PLC 中更有较大的应用,其中 S7 Graph 就是典型的顺序功能图语言。顺序功能图具有条理清晰、思路明确、直观易懂等优点,往往适用于开关量顺序控制程序的编写。

顺序功能图主要由步、有向连线、转换条件和动作等要素组成,如图 1-13 所示。在顺序程序的编写时，往往根据输出量的状态将一个完整的控制过程划分为若干个阶段，每个阶段就称为步，步与步之间有转换条件，且步与步之间有不同的动作。当上一步被执行时，满足转换条件立即跳到下一步同时上一步停止。在编写顺序控制程序时，往往先画出顺序功能图，然后再根据顺序功能图写出梯形图，经过这一过程后使程序的编写大大简化。

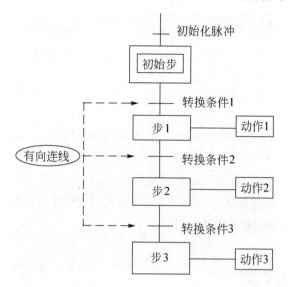

图 1-13　顺序功能图

1.5.4　功能块图

功能块图是一种类似于数字逻辑门电路的图形语言，它用类似于与门（AND）、或门(OR)的方框表示逻辑运算关系。通常情况下，方框左侧表示逻辑运算输入变量，方框右侧表示逻辑运算输出变量，若输入输出端有小圆圈则表示"非"运算，方框与方框之间用导线相连，信号从左向右流动，如图 1-14 所示。

功能块图的输出逻辑顺序表达式为：

$$Q0.0=(\ I0.0+Q0.0\,)\overline{I0.1}$$

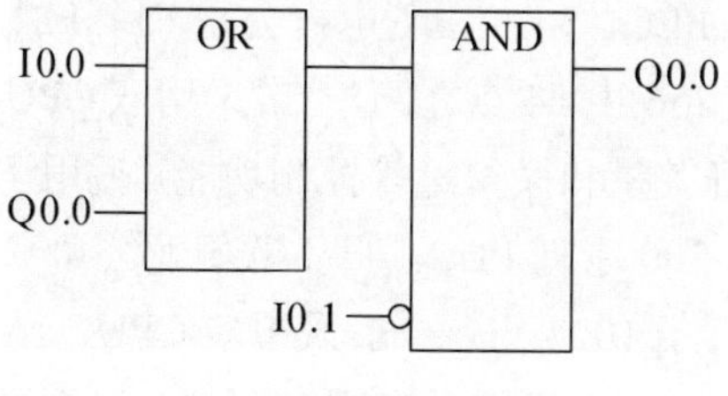

图 1-14　功能块图

在 S7-200 中，功能块图、梯形图和语句表可以相互转化，如图 1-15 所示。需要指出的是，并不是所有的梯形图、语句表和功能块图都能相互转化，对于逻辑关系较复杂的梯形图和语句表就不能转化为功能块图。功能块图在国内应用较少，但对于逻辑比较明显的程序来说，用功能块图就非常简单、方便。功能块适用于有数字电路基础的编程人员。

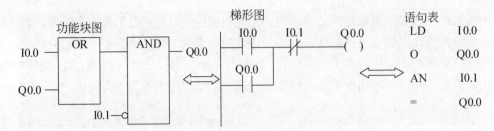

图 1-15 梯形图、语句表和功能块图之间的相互转换

1.5.5 结构文本

结构文本是为 IE61131-3 标准创建的一种专用高级编程语言，与梯形图相比它能实现复杂的数学运算、编写程序非常简洁和紧凑。通常用计算机的描述语句来描述系统中的各种变量之间的各种运算关系，完成所需的功能或操作。在大中型 PLC 中，常常采用结构文本设计语言来描述控制系统中各个变量的关系，同时也被集散控制系统的编程和组态所采用，该语句适用于习惯使用高级语言编程的人员使用。

1.6 PLC 分类

PLC 的生产厂家众多，其产品的种类、型号、规格和功能也不尽相同，因此难以用统一的标准对其进行分类，本书仅就常见的分类情况进行讨论。

1.6.1 按 I/O 点数分类

I/O 点数是指输入输出端子数目的和，也称输入输出点数。按 I/O 点数的不同，可将 PLC 分为小型 PLC、中型 PLC 和大型 PLC。

◆ 小型 PLC：I/O 点数小于 256 点，一般采用单 CPU、8 或 16 位微处理器，用户程序容量一般小于 16KB。其具有体积小、价格低等特点，通常能进行开关量控制、定时/计数控制、顺序控制及少量模拟量控制等，适用于单机控制或小规模生产过程控制等场合。典型的产品有德国西门子 S7-200 系列的 PLC，日本三菱电机公司 F1、F2、FX 系列的 PLC 等。

◆ 中型 PLC：I/O 点数在 256~1024 点之间，一般采用双 CPU，用户存储器容量小于 32KB。其功能比较丰富，同时具有开关量和模拟量等控制功能，适用于开关量、模拟量控制的场合。典型的产品有德国西门子 S7-300 系列 PLC，日本欧姆龙公司 C200H 系列的 PLC 等。

◆ 大型 PLC：I/O 点数大于 1024 点，一般采用多 CPU、16 或 32 位处理器，用户存储器容量在 32KB。它的功能非常强大，不仅具有逻辑控制功能而且还具有数字计算、PID 调节、浮点运算等控制功能，适用于大规模过程控制、集散式控制和工厂自动化网络。典型的产品有德国西门子 S7-400 系列 PLC，日本三菱电机公司 K3 系列和欧姆龙公司 C2000 系列的 PLC 等。

1.6.2 按硬件结构分类

按硬件结构的不同，可以将 PLC 分为整体式和模块式。

◆ 整体式：整体式是指将 CPU 单元、存储器单元、I/O 接口单元集中印制在同一电路板上，连同电源一起封装在同一机壳内，因此也称箱体式或单元式。整体式 PLC 具有体积小、结构紧凑、重量轻、价格低等优点，通常小型 PLC 多采用整体式结构。

整体式 PLC 由基本单元（也称主机）和扩展单元构成，如图 1-16 所示。其中基本单元内部有 CPU 单元、存储器单元、I/O 接口单元等；PLC 要增加 I/O 点数，可选择相应的扩展模块，扩展模块中只有 I/O 接口，而无 CPU 单元。基本单元（主机）和扩展单元之间通过扁平电缆连接。整体式 PLC 可以为用户提供不同 I/O 点数的 CPU 单元、数字量和模拟量扩展单元，此外还为用户提供了特殊功能单元，如：热电偶单元、热电阻单元、位置单元、通信单元等，使得 PLC 的功能得以扩展。

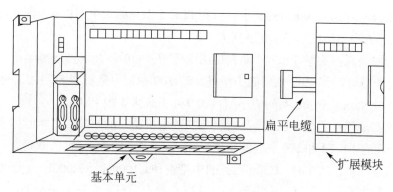

图 1-16　S7-200 整体式 PLC 外形

◆ 模块式：模块式是指将 PLC 中的各个组成部件分别制成独立的模块，各个独立模块之间通过系统总线相互连接而形成的整体系统，如图 1-17 所示。独立模块是指 CPU 模块、I/O 接口模块、存储器模块、电源模块以及各功能模块；总线是指地址总线、控制总线、数据总线。

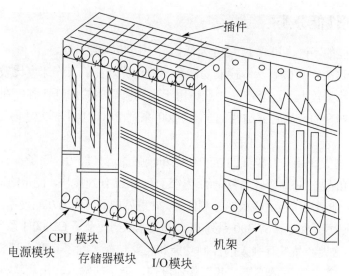

图 1-17　S7-400 模块式 PLC 外形

模块式 PLC 有机架和模块组成。通常情况下，各模块以插件的形式安装在具有标准尺寸并带有不同插槽的机架内，若一个机架安装放不下所选的模块时，可以增设一个或多个扩展机架，各个机架之间用接口模块与电缆相连。

1.6.3 按产地分类

目前，市场上 PLC 按产地可分为三大流派，分别为美国产品流派，欧洲产品流派、日本产品流派。在每个流派的产品中，由于 PLC 产品 I/O 点数、容量、功能差异，同一产品也分为若干系列。

◆ 美国产品流派：典型 PLC 产品有美国 A-B 公司的产品和美国通用电气公司的产品。其中美国 A-B 公司有 SLC500 系列的小型机和 PLC-5 系列的大中型机；美国通用电气公司产品有 90-30 系列的中小型机和 90-70 系列大型机。

◆ 欧洲产品流派：典型 PLC 产品有德国西门子公司的产品和法国施耐德公司的产品。其中德国西门子公司有 S7-200 系列的小型机、S7-300 系列中型机和 S7-400 系列的大型机；法国施耐德公司 Neza、Twido 系列的小型机和 984 系列大中型 PLC。

◆ 日本产品流派：典型 PLC 产品有日本三菱电机公司的产品和日本欧姆龙的产品。其中三菱电机公司有 F1、F2 和 FX 系列的小型机和 A、Q 系列的大中型机。欧姆龙公司有 C60P、CPM * 系列的小型机、C200H、C500 系列的中型机和 C1000H、C2000H 大型机。

需要指出的是美国、欧洲主推的是大中型 PLC 产品，日本主推的是小型产品。美国产品和欧洲产品是在相互隔离的情况下独立研发的，因此在产品上有明显的区别；日本引进的是美国 PLC 的技术，因此对美国 PLC 产品有一定的继承型,但主推的仍是小型产品。此外，我国也有不少的 PLC 产品如中科院自动化研究所的 PLC-0088 系列 PLC、上海香岛机电制造公司 ACMY-S 系列 PLC、无锡光华电子公司 SR-20、SU-516 系列 PLC 等，但市场占有率和影响力较差。

1.6.4 按控制性能分类

按其控制性能的不同，可将 PLC 分为低档、中档和高档 3 类。

◆ 低档机：这类产品具有基本控制功能和一般运算功能。工作速度比较慢，能带的输入输出模块种类和数量较少，这类产品一般适用于小规模简单的控制任务，在联网中一般只适合作从站使用。典型的产品有德国西门子 S7-200 系列 PLC 和日本欧姆龙公司 C60P 系列的 PLC 等。

◆ 中档机：这类产品具有较强的控制功能和较强的运算能力。除了具有低档机的所有功能外，还具有三角函数、PID 等较为复杂的逻辑运算。其工作速度快，能带的输入输出模块的种类和数量较多，一般适用于较大规模的控制任务，在联网中既可作为从站使用，又可作为主站使用。典型的产品有德国西门子 S7-300 系列 PLC 和日本欧姆龙公司 C2000H 系列的 PLC 等。

◆ 高档机：这类产品具有强大的控制功能和运算功能。除了具有中档机所有的功能外，还具有二次方根运算、矩形运算等。其工作速度快，能带的输入输出模块种类和数量很多，一般适用于大规模的控制任务，在联网中一般作主站使用。典型的产品有德国西门子 S7-400 系列的 PLC 和日本欧姆龙 C2000H 系列 PLC 等。

1.7 PLC 工作原理

PLC 的工作原理可以简单地描述为在系统程序的管理下，通过运行应用程序对控制要求进行处理判断，并通过执行用户程序来实现控制任务。其特点可以概括为："循环扫描，集中处理"。循环扫描指的是 PLC 的工作方式，集中处理指的是在用户程序扫描阶段，对输入采样、用户程序的执行、输出刷新三个阶段进行集中处理。PLC 的工作原理如下。

1.7.1 循环扫描方式

◆ 循环扫描方式：PLC 作为工业控制计算机，它采用的是循环扫描的工作方式。循环扫描的工作方式是指在 PLC 运行时，CPU 根据分时操作原理将用户程序按指令排布的先后顺序进行周期性扫描，在无跳转指令的情况下，则从第一条指令开始逐条执行，直到最后一条指令执行结束，然后再重新返回到第一条指令开始新一轮的扫描。每次扫描所用的时间称为扫描周期或工作周期。

需要指出的是，PLC 在运行时 CPU 不可能同时处理多项操作，只能是一个时刻执行一个操作，由于 CPU 的运算处理速度相当快，从宏观的角度看，PLC 外部装置的控制结果似乎是同时的，以上阐述的就是分时操作原理和控制结果出现同时性的原因。

◆ 循环扫描方式的举例（图 1-18）

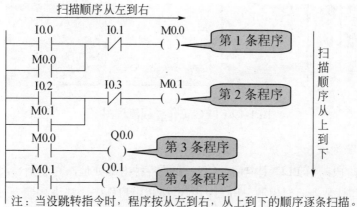

（a）不含跳转指令程序

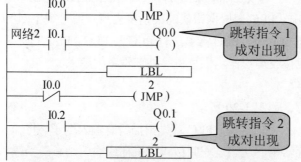

注：当有跳转指令时，跳转条件满足，会省略扫描一部分程序，即发生跳转。例如，常开触点I0.0闭合，就会跳过网络2，网络2不会被扫描。

（b）含跳转指令程序

图 1-18 循环扫描方式的举例

1.7.2 工作过程

PLC 的工作过程可以分为两大部分，分别为公共处理阶段和用户程序扫描阶段，工作过程流程图如图 1-19 所示。当 PLC 运行时，首先进入公共处理阶段，当公共处理正常后，然后进入用户程序扫描阶段。

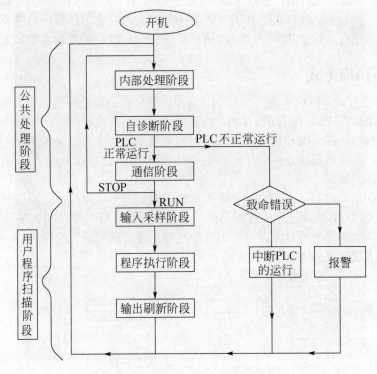

图 1-19　PLC 工作过程流程图

（1）公共处理阶段

◆ 内部处理阶段：当 PLC 上电后，CPU 需要各种内部处理，它包括：清除内部继电器区，复位定时器和计数器，对电源、PLC 内部电路和用户程序语法进行检查等。

◆ 自诊断阶段：为了确保系统的可靠运行，PLC 在每个扫描周期都要进行自诊断，它包括：检测用户存储器是否正常，检测扫描周期是否过长和复位监控定时器（WDT，也称看门狗指令）。如果发现异常情况，PLC 会根据错误的类别发出报警信号或中断 PLC 的运行。

◆ 通信阶段：在每个通信阶段，PLC 需要进行 PLC 与 PLC、PLC 与计算机和 PLC 与智能模块的信息交换；同时也接收编程器、上位机等外部设备的请求。

（2）用户程序扫描阶段

用户程序扫描的全过程，如图 1-20 所示。

◆ 输入采样阶段：在输入采样阶段，PLC 首先扫描所有输入端子，将输入信号的状态按顺序集中写入输入映像寄存器中，这个过程叫做输入采样或输入刷新。当输入采样（输入刷新）完成后，关闭输入端口进入到下一阶段即程序执行阶段。进入程序执行阶段后，无论输入信号的状态是否改变，输入映像寄存器的内容也不改变，用户程序执行所用到的输入信号状态只能在输入映像寄存器中读取，即使外部的输入信号发生改变，也只能在下一扫描周期被读取。

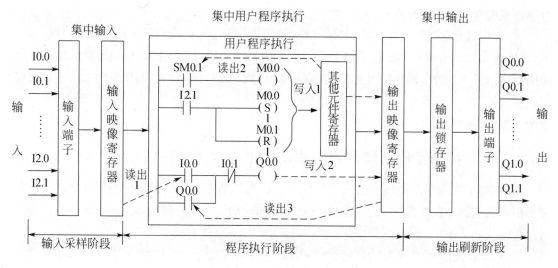

图 1-20　用户程序扫描过程

需要说明的是，在输入采样阶段，所有输入信号的状态均写在输入映像寄存器中，用户程序所需要的输入状态均在输入映像寄存器中读取，而不能直接到输入端或输入模块中读取。

◆ 程序执行阶段：在程序执行阶段，PLC 按照从上到下从左到右的原则逐条执行用户程序。当遇到跳转指令时，根据跳转条件是否满足决定是否跳转。当执行程序涉及输入信号的状态时，需根据具体情况到输入映像寄存器或其他元件寄存器中读取。用户程序运算后的结果均写入输出映像寄存器或其他元件寄存器中，而不是直接驱动外部负载。当最后一条程序执行完毕后，立刻进入到下一工作阶段即输出刷新阶段。

◆ 输出刷新阶段：当程序中所有指令执行完毕后，PLC 将输出映像寄存器的内容依次送到输出锁存器中，并通过一定输出方式（继电器、晶体管和双向晶闸管）经输出端子驱动外部负载。在刷新阶段结束后，CPU 进入下一扫描周期，重新执行输入采样并周而复始的循环。

1.7.3　PLC 的信号处理原则

① 输入映像寄存器中的数据内容集中输入，其数据内容取决于当前扫描周期输入采样所处的状态。在程序执行和输出刷新阶段，输入映像寄存器中的数据内容不会因输入信号的状态发生改变而改变。

② 输出映像寄存器的数据内容集中输出，在输入采样和输出刷新阶段，输出映像寄存器的数据内容不会发生改变。

③ 输出端子直接与外部负载相连，其状态由输出映像寄存器中的数据来确定。

1.7.4　PLC 的延时问题

PLC 的延时时间一般由输入延时、程序执行延时和输出延时三部分组成。

① 输入延时有两部分：一部分是输入信号经输入接口模块到达 PLC 内部所需的时间；另一部分是输入信号等待输入采样阶段到来所用的时间；一般说来，输入信号状态的变化是

否改变输入映像寄存器的内容就取决于输入延时，为了确保 PLC 正常工作，一般要求输入信号脉冲宽度大于一个扫描周期。

② 程序执行延时就是在输入采样阶段、程序执行阶段和输出刷新阶段所用的时间。

③ 输出延时也有两部分：一部分是输出锁存器的内容经输出接口模块转换输出信号所用的时间；另一部分是输出信号等待输出刷新阶段到来所用的时间。输出延时取决于输出接口模块的类型，一般说来，继电器输出型所需的延时时间在 10ms 左右，晶体管和双向晶闸管型所需的延时时间在 100μs 左右。

1.7.5 PLC 控制系统与继电器控制系统工作方式的比较

① 继电器控制系统是典型的硬件接线系统，在忽略电磁滞后和机械滞后的情况下，只要形成电流通路，就可能有几个接触器或继电器同时动作，因此继电器控制系统采用的是并行工作方式。

② PLC 控制系统是典型的存储程序系统，由于程序指令分时执行，对于 PLC 中的软继电器来说，不同时刻有不同的动作需要执行，因此 PLC 采用的是串行的工作方式。

实例分析：图 1-21(a)中，当按下启动按钮 SB1，在忽略电磁滞后和机械滞后的情况下，线圈 KM1、KM2 和 KA 几乎同时得电，当按下停止按钮 SB2，在忽略电磁滞后和机械滞后的情况下，线圈 KM1、KM2 和 KA 几乎同时失电，因此说继电器控制系统采用的是并行工作方式；图 1-21(b)中，当按下启动按钮时 I0.1 闭合，在第一个扫描周期，软继电器 M0.0、Q0.2 得电，下一个扫描周期软继电器 Q0.1 得电，PLC 是分时完成的任务，因此它采取的是串联的工作方式。

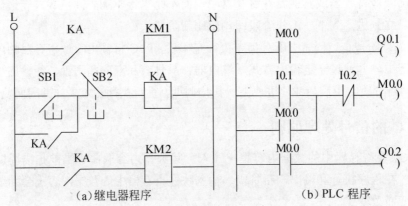

图 1-21　两种控制系统工作方式的比较

1.7.6 PLC 的等效电路

PLC 控制系统是在继电器控制系统的基础上演绎过来的，因此二者具有一定的相似性，我们不妨利用二者的相似性对 PLC 控制系统进一步加以理解。如图 1-22 所示，PLC 等效电路可以分为 3 部分：输入电路部分、程序控制电路部分和输出电路部分。输入电路用于采集输入信号，程序控制电路按照用户程序要求根据采集的数据和已知的结果进行逻辑运算，输出电路执行部件。

（1）输入电路部分

输入电路部分由外部输入电路、PLC 输入接线端子和输入软继电器组成。它通过外部信号的通断，从而来控制输入软继电器线圈的通断，进而使相应的输入映像寄存器写入"1"或"0"。

（2）程序控制电路部分

该电路作用是按照用户程序的逻辑关系，利用本次采样的输入信号值和已有的各个继电器线圈状态值进行逻辑运算，并将逻辑运算结果写入到各个输出继电器线圈对应的映像寄存器中。

（3）输出电路部分

输出电路部分由输出触点、输出接线端子和外部驱动电路组成。该电路作用是根据本次逻辑运算得到的结果，驱动相应的输出执行元件即输出刷新。

（4）举例

在图 1-22 中，当按下启动按钮 SB1，输入软继电器线圈 I0.1 得电，常开触点 I0.1 闭合，辅助继电器 M0.0 线圈得电并自锁，输出软继电器 M0.0 线圈得电，常开触点 Q0.1 闭合，输出电路构成通路,进而驱动外部负载；当按下停止按钮 SB2，输入软继电器 I0.2 得电，常闭触点 I0.2 断开，输出软继电器 M0.0 线圈失电，Q0.1 断电，其常开触点断开，输出电路形成断路，进而外部负载断电。

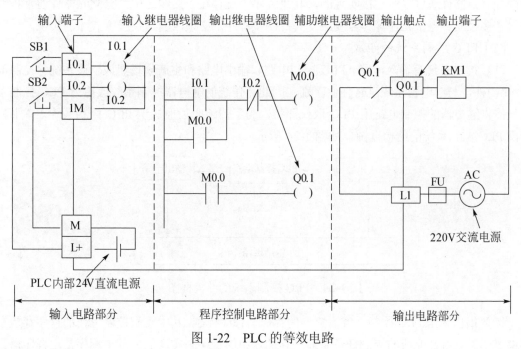

图 1-22　PLC 的等效电路

1.8　继电器控制系统和 PLC 控制系统的比较

1.8.1　继电器控制系统与 PLC 控制系统的基本组成

为了说清继电器控制系统与 PLC 控制系统的区别，我们首先了解一下二者的组成。

（1）继电器控制系统的组成

继电器控制系统通常是由输入电路、继电器控制电路、输出电路和生产现场4部分组成。其中输入电路部分是由按钮、行程开关、传感器、限位开关等构成，目的是用来向系统传送控制信号；输出电路部分是由接触器、电磁阀等执行元器件构成，目的是用来控制各种被控对象（如电动机、电路、阀门等）；继电器控制电路部分是控制系统的核心，它通过导线将各个分立继电器、电子元器件连接起来对工业现场实施控制；生产现场是指被控对象或生产过程；继电器控制系统的结构框图如图1-23所示。

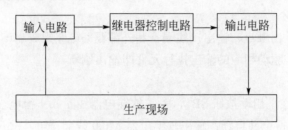

图1-23　继电器控制系统的结构框图

需要说明的是继电器控制系统为典型的接线程序控制，其中支配控制系统工作的"程序"是由分立元器件通过导线连接实现的，其"程序"就存在于接线之中，分立元器件通常指继电器、接触器、电子元件等。若要改变其控制"程序"必须改变其接线方式才能实现。

（2）PLC控制系统的组成

PLC控制系统有输入电路、PLC控制电路、输出电路和生产现场组成。该系统除控制部分(PLC)外，与继电器系统没有任何区别，因此将传统的继电器控制系统改造为PLC控制系统只需将继电器的控制电路用PLC取代即可。为了清晰明了地认识PLC控制系统，本书将给出PLC控制系统的结构框图，如图1-24所示。

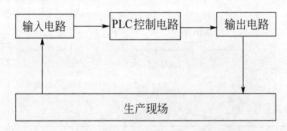

图1-24　PLC控制系统的结构框图

需要指出的是PLC控制系统为典型的存储器程序控制，其中支配控制工作的程序存放在存储器中。系统需完成的控制任务是通过存储器中的程序来实现的，其中程序是由程序语言来表达的，程序语言如：梯形图、指令表、顺序功能图等。若要改变其控制任务只需改变其程序即可，无需改变其外部接线。

（3）举例：顺序启动控制

① 控制要求

方式1，按下启动按钮，电动机M1先启动后M2才能启动；按下停止按钮，M1、M2同时停止；方式2，按下启动按钮，电动机M2先启动后M1才能启动；按下停止按钮，M1、

M2 同时停止。

　② 解决方案

　a. 继电器控制；b. PLC 控制。

　③ 具体步骤

　● 解决方案一：继电器控制如图 1-25 所示。

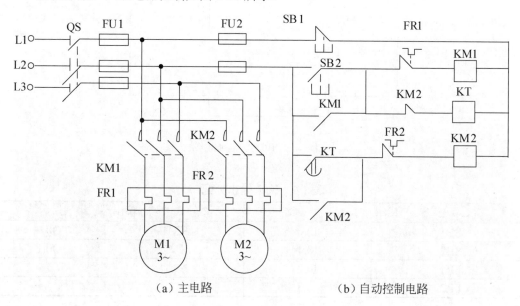

（a）主电路　　　　　　　　　（b）自动控制电路

图 1-25　时间继电器控制电动机顺序启动电路

　　我们知道电路图通常分为两部分：一部分为主电路，如图 1-25（a）所示，一部分为控制电路，如图 1-25（b）所示，其中图 1-25（b）为电动机顺序启动控制电路的自动控制电路，下面就其相关工作过程给予讨论，具体情况如下：

　　闭合刀开关 QS 主电路、控制电路得电。按下启动按钮 SB2，接触器 KM1 和通电延时型时间继电器 KT 线圈同时通电并自锁，电动机 M1 启动旋转。当时间继电器 KT 延时时间到，其延时闭合的常开触点闭合，接通 KM2 线圈电路并自锁，电动机 M2 启动旋转，同时 KM2 常闭辅助触点断开，将时间继电器 KT 电路切断，KT 不再工作，使 KT 仅在启动时起作用。

　　图 1-25(b)的自动控制电路只可实现方式一的控制要求，若想实现方式二的控制要求，则需重新对电路进行布线，其工作较为复杂。

　　● 解决方案二：PLC 控制。

　　PLC 控制的外部接线图如图 1-26 所示，主电路与图 1-25（a）一致，具体操作如下：

　　首先对启动按钮 SB1、停止按钮 SB2 及热继电器的辅助触点 FR1、FR2 进行 I/O 分配（输入输出分配）见表 1-2，再将上述按钮和辅助触点的一端分别接到 I0.0~I0.3 的端子上，另一端接到 L+，M、1M 连接，其中 L+ 与 M 之间为 24V 直流电源。在输出部分相线 L 经熔断器 FU2 接到 1L 端，另一端 N 经 KM1、KM2 分别接到 Q0.0 和 Q0.1 上。

　　需要说明的是，根据机型、负载和 I/O 分配的不同，上述接线需作相应的调整。如果实现方式二，则只需改变用户程序，无需改变外部接线，这样一来既方便又节省时间。

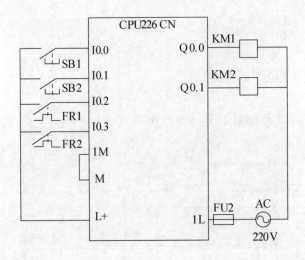

图 1-26　PLC 外部接线图

表 1-2　输入输出分配

输入端		输出端	
SB1	I0.0	KM1	Q0.0
SB2	I0.1	KM2	Q0.1
FR1	I0.2		
FR2	I0.3		

1.8.2　继电器系统与 PLC 控制系统的比较

通过上面对继电器控制系统组成和 PLC 控制系统组成的讲解，你会发现 PLC 控制系统与继电器控制系统有着很多相似之处，如 PLC 的梯形图语言几乎完全沿用了继电器控制电路的元件符号，仅有个别地方不同；再如信号的输入输出形式及控制功能是完全相同的；但在诸多相同之中，二者又有着众多不同之处，主要表现如下。

（1）控制逻辑不同

继电器控制系统采用的是硬件接线程序控制，其程序就存在于接线之中，控制逻辑是通过继电器的机械触点的串并联和时间继电器的延时等一系列的组合来实现的；而 PLC 控制系统则采用存储器程序控制，其工作程序存放在存储器之中，控制逻辑是通过软件编程来实现的，若要改变控制过程或控制顺序，直接改变用户程序即可，无需改变硬件接线，而继电器控制系统需要改变硬件接线来实现控制过程和控制顺序。

（2）控制速度不同

继电器控制逻辑是通过触点的机械振动来实现的，其工作效率低，一般说来触点断开和闭合所用的时间在毫秒级。另外，触点的频繁动作所带来的抖动可能导致导线的虚接和松动。而 PLC 控制逻辑是通过程序指令控制半导体电路来实现的，其速度极快，一般说来程序执行的时间在微秒级。另外，PLC 内部有严格的同步机制，不会出现抖动等问题。

（3）工作方式不同

继电器控制电路采用阶梯型并联的方式对生产过程进行控制。所谓的阶梯型并联的工作方式就是当导通条件满足时，各个梯级（支路）中的线圈同时得电吸合来控制生产过程。而PLC控制电路则采用循环扫描的方式对生产过程进行控制。所谓的循环扫描就是当PLC执行用户程序的时候，CPU对梯形图实行自上而下自左而右的逐级扫描，程序的执行取决于编程语句的前后，尤其后面采用的顺序控制设计法编程几乎不会出现多个线圈同时改变其工作状态，因此不会误动作的现象。

（4）延时控制不同

继电器控制系统依靠时间继电器的滞后来实现延时控制的。一般说来时间继电器可分为空气阻尼式、电磁式、半导体式，其定时精度不高，受环境温度和湿度影响较大，时间调整较难。而PLC控制电路则采用半导体集成电路作为时间定时器，其时基脉冲由晶体管振荡产生，精度高，定时精度小于10ms，受外界影响小。

（5）计数控制不同

继电器控制系统只具有逻辑控制功能不具有计数功能，而PLC控制系统具有大量的计数器可以实现完善的计数功能。

（6）设计、施工与调试时间不同

继电器控制电路的设计时间较长，硬件接线多，施工量大，调试时间长；而PLC控制电路采用的是程序控制，对于相同功能的控制电路来说设计时间较短，布线少、工作量少，一般说来PLC的程序在实验室就能模拟，对于调试时间来说大大地减少了。

（7）可靠性和可维护性不同

在继电器控制系统中，触点和连线较多，因此出现故障的概率较大。如触点易发生接触不良、熔焊、粘连等现象；再如导线易发生松动、虚接等现象；出于对上述故障的考虑，企业往往配备大量的电气工作人员对设备进行维护；而PLC控制系统则采用无触点半导体电路来取代大量的开关，其体积小，寿命长，可靠性高；另外PLC有着完备的自诊断系统，因此可维护性比较高。

（8）成本不同

继电器控制系统中主要是接触器、继电器、机械开关等，因此价格比较低；而PLC使用的是大规模集成电路，因此价格比较高。

通过上述的分析我们知道，PLC控制系统在性能方面远远优于继电器控制系统，尤其是在可靠性、设计和施工周期等方面，但价格要高于继电器控制系统。从长远的发展角度来看，PLC控制系统将以其性价比的双重优势真正成为继电器控制系统的替代产品。

第2章

S7-200PLC 硬件组成与编程基础

本章要点

- S7-200PLC 硬件系统的组成
- S7-200PLC 的外部结构与外部接线图
- S7-200PLC 的数据类型与数据区存储器的地址格式
- S7-200PLC 数据区空间存储器与寻址方式
- STEP7 编程软件的简介

2.1 S7-200PLC 硬件系统的概述

S7-200PLC 是德国西门子公司生产的一种小型 PLC,它以结构紧凑、价格低廉、指令功能强大、扩展性良好和功能模块丰富等优点普遍受到用户的好评,并成为当代各种中小型控制工程的理想设备。它有不同型号的主机和功能各异的扩展模块供用户选择,主机与扩展模块能十分方便的组成不同规模的控制系统。S7-200PLC 覆盖领域之多,使用范围之广,使用范围从代替继电器简单的控制到更为复杂的自动控制,应用领域遍及自动检测、自动控制等所有行业。

为了更好地理解和认识 S7-200PLC,本节将从硬件系统组成的角度进行介绍。

S7-200PLC 的硬件系统由 CPU 模块、数字量扩展模块、模拟量扩展模块、特殊功能模块、相关设备以及工业软件组成,如图 2-1 所示。

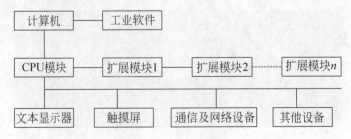

图 2-1　S7-200PLC 的硬件系统的组成

2.1.1　CPU 模块

CPU 模块又称基本模块和主机，它由 CPU 单元、存储器单元、输入输出接口单元以及电源组成。CPU 模块（这里说的 CPU 模块指的是 S7-200PLC 基本模块的型号，绝不是中央微处理器 CPU 的型号。）是一个完整的控制系统，它可以单独地完成一定的控制任务，主要功能是采集输入信号，执行程序，发出输出信号和驱动外部负载。常见的基本型号有 4 种，分别为 CPU221、CPU222、CPU224、CPU226，具体如下。

① CPU221：主机有 6 输入/4 输出，数字量 I/O 点数共计 10 点，无 I/O 扩展能力，程序和数据存储空间为 6KB，1 个 RS-485 通信接口，4 个独立的 30kHz 高速计数器，2 路独立的 20kHz 高速脉冲输出，具有 PPI、MPI 通信协议和自由通信功能，适用于小点数控制的微型控制器。

② CPU222：主机具有 8 输入/16 输出，数字量 I/O 点数共计 24 点，与 CPU221 相比可以进行一定的模拟量控制和增加了 2 个扩展模块，适用于小点数控制的微型控制器。

③ CPU224：主机具有 14 输入/10 输出，数字量 I/O 点数共计 24 点，有扩展能力，可连接 7 个扩展模块，程序和数据存储空间为 13KB，6 个独立 30kHz 的高速计数器，具有 PID 控制器，I/O 端子排可整体拆卸，具有较强控制能力，是使用最多的 S7-200 产品，其他特点与 CPU222 相同。

④ CPU226：主机具有 24 输入/16 输出，数字量 I/O 点数共计 40 点，有扩展能力，可连接 7 个扩展模块，最大扩展至 248 路数字量 I/O 点或 35 路模拟量 I/O 点，具有 2 个 RS-485 通信接口，其余特点与 CPU224 相同，适用于复杂中小型控制系统。

其他参数参考附录 A。

需要指出的是，在 4 种常见模块基础上，又派生出 6 种相关产品，共计 10 种 CPU 模块，在这 10 种模块中有 DC 电源/DC 输入/DC 输出和 AC 电源/DC 输入/继电器输出 2 类，具有不同的电源电压和控制电压。型号中带有 XP 的代表具有 2 个通信接口、2 个 0~10V 模拟量输入和 1 个 0~10V 模拟量输出，其性能要比不带 XP 的优越；型号加有 CN 的表示"中国制造"；CPU226XM 只比 CPU226 增大了程序和数据存储空间。

2.1.2　数字量扩展模块

当 CPU 模块 I/O 点数不能满足控制系统的需要时，用户可根据实际的需要对 I/O 点数进行扩展。数字量扩展模块不能单独使用，需要通过扁平电缆与 CPU 模块相连，数字量扩展模块通常有 3 类，分别为数字量输入模块，数字量输出模块和数字量输入输出混合模块，具体如下。

① 数字量输入模块 EM221：有 8 点直流输入，8 点交流输入和 16 点直流输入 3 种形式。

② 数字量输出模块 EM222：有 8 点直流输出，8 点交流输出和 8 点继电器输出 3 种形式。

③ 数字量输入输出模块 EM223：4 点直流输入/4 点直流输出，4 点直流输入/4 点继电器输出，8 点直流输入/8 点直流输出，8 点直流输入/8 点继电器输出，16 点直流输入/16 点直流输出和 16 点直流输入/16 点继电器输出 6 种形式。

其余参数详见附录 B，这里不做过多说明。

2.1.3　模拟量扩展模块

模拟量扩展模块为主机提供了模拟量输入输出功能，适用于复杂控制场合。它通过扁平电缆与主机相连，并且可以直接连接传感器和执行器。模拟量扩展模块通常可以分为 3 类，分别为模拟量输入模块、模拟量输出模块和模拟量输入输出混合模块。典型模块有 EM231、EM232 和 EM235，其中 EM231 为模拟量 4 点输入模块，EM232 为模拟量 2 点输出模块，EM235 为模拟量输入输出模块。

具体参数详见附录 B，这里不做过多说明。

2.1.4　特殊功能模块

当需要完成特殊功能控制任务时，需要用到特殊功能模块，常见的特殊功能模块有：通信模块、位置控制模块、热电阻或热电偶扩展模块等。

（1）通信模块

S7-200PLC 主机集成 1~2 个 RS-485 通信接口，为了扩大其接口的数量和联网能力，各 PLC 还可以接入通信模块，常见的通信模块有 PROFIBUS-DP 从站模块 EM227，调制解调器模块 EM241、工业以太网通信模块和 AS-I 接口模块。

（2）位置控制模块

又称定位模块，常见的如控制步进电机或伺服电机速度模块 EM253。为了输入运行和位置设置范围的需要，可外设编程软件。使用编程软件 STEP7-Micro/WIN 可生成位置控制模块的全部组态和移动包络信息，这些信息和程序块可一起下载到 S7-200PLC 中。位置控制模块所需的全部信息都储存在 S7-200PLC 中，当更换位置控制模块时，不需重新编程和组态。

（3）热电阻或热电偶扩展模块

热电阻和热电偶扩展模块是为 S7-200CPU222、CPU224、CPU224XP、CPU226 和 CPU226XM 设计的，是模拟量模块的特殊形式，可直接连接热电偶和热电阻测量温度，用户程序可以访问相应的模拟量通道，直接读取温度值。热电阻或热电偶扩展模块可以支持多种热电阻和热电偶，使用时经过简单的设置就可直接读出摄氏温度值或华氏温度值。常见的热电阻或热电偶扩展模块有 EM231 热电偶模块和 EM231RTD 热电阻模块。

2.1.5　相关设备

相关设备是为了充分和方便地利用系统硬件和软件资源而开发和使用的一些设备，主要有编程设备、人机操作界面等。

（1）编程设备

主要用来进行用户程序的编制、存储和管理等，并将用户程序送入 PLC 中，在调试过程中，进行监控和故障检测。常见的编程设备有手持式编程器和含 PLC 编程软件的计算机。

（2）人机操作界面

人机操作界面主要指专用操作员界面，常见的如操作员界面、触摸面板、文本显示器等，用户可以通过该设备轻松地完成各种调整和控制任务。

2.1.6 工业软件

工业软件是为了更好地管理和使用这些设备而开发的与之相配套的程序，主要有工程工具人机接口软件和运行软件。

2.2 S7-200PLC 外部结构及外部接线图

2.2.1 S7-200PLC 的外部结构

S7-200PLC 有 CPU21X 和 CPU22X 两大系列，其中 CPU22X 系列是 CPU21X 系列的替代产品，目前在实际生产中应用非常广泛。本节将以 CPU22X 为例，对 S7-200PLC 的外部结构进行讲解。

CPU22X 系列 PLC 的外部结构如图 2-2 所示，其 CPU 单元、存储器单元、输入输出单元及电源集中封装在同一塑料机壳内，它是典型的整体式结构。当系统需要扩展时，可选用需要的扩展模块与基本模块（又称主机，CPU 模块）连接。

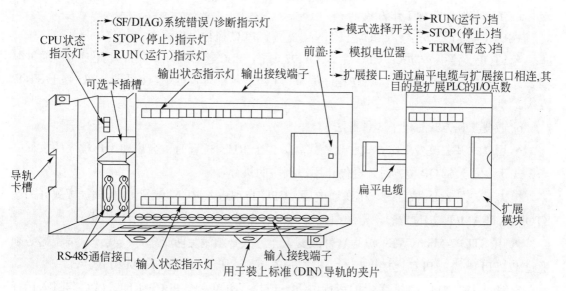

图 2-2　CPU22X 系列 PLC 的外部结构图

① 输入接线端子：输入接线端子是外部输入信号与 PLC 连接的接线端子，在底部端盖下面。各种 CPU 模块输入端子数见表 2-1。此外，外部端盖下面还有输入公共端子和 24V 直流电源接线端子，24V 直流电源为传感器和光电开关等提供能量。

② 输出接线端子：输出接线端子是外部负载与 PLC 连接的接线端子，在顶部端盖下面。各种 CPU 模块输出接线端子数见表 2-1。此外，顶部端盖下面还有输出公共端子和 PLC 工作电源接线端子。

③ 输入状态指示灯（LED）：输入状态指示灯用于显示是否输入控制信号接入 PLC。当指示灯亮时，表示有控制信号接入 PLC；当指示灯不亮时，表示没有控制信号接入 PLC。

④ 输出状态指示灯（LED）：输出状态指示灯用于显示是否有输出信号驱动执行设备。

当指示灯亮时，表示有输出信号驱动外部设备；当指示灯不亮时，表示没有输出信号驱动外部设备。

⑤ CPU 状态指示灯：CPU 状态指示灯有 RUN、STOP、SF 三个，其中 RUN、STOP 指示灯用于显示当前工作方式，当 RUN 指示灯亮时，表示运行状态；当 STOP 指示灯亮时，表示停止状态；当 SF 指示灯亮时，表示系统故障，PLC 停止工作。

⑥ 可选卡插槽：该插槽可以插入 EEPROM 存储卡、电池和时钟卡等。

◆ EEPROM 存储卡：该卡用于复制用户程序。在 PLC 通电后插入此卡，通过操作可将 PLC 中的程序装载到存储卡中。当卡已经插在主机上，PLC 通电后不需任何操作，可使得用户程序数据会自动复制在 PLC 中。利用此功能，可将多台实现同样控制功能的 CPU22X 系列进行程序写入。需要说明的是，每次通电就写入一次，所以在 PLC 运行时不需插入此卡。

◆ 电池：用于长时间存储数据。

◆ 时钟卡：可以产生标准日期和时间信号。

⑦ 扩展接口：扩展接口在前盖下，它通过扁平电缆实现基本模块与扩展模块的连接。

⑧ 模式开关：模式开关在前盖下，可手动选择 PLC 的工作方式。

a. CPU 有以下两种工作方式。

◆ RUN（运行）方式：CPU 在 RUN 方式下，PLC 执行用户程序。

◆ STOP（停止）方式：CPU 在 STOP 方式下，PLC 不执行用户程序，此时可以通过编程装置向 PLC 装载或系统设置。在程序编辑、上下载等处理过程中，必须把 CPU 置于 STOP 方式。

b. 改变工作方式有以下 3 种方法。

◆ 用模式开关改变工作方式：当模式开关置于 RUN 位置时，会启动用户程序的执行；当模式开关置于 STOP 位置时，会停止用户程序的执行。

模式开关在 RUN 位置时，电源通电后，CPU 自动进入 RUN（运行）模式。模式开关在 STOP 或 TEAM(暂态)位置时，电源通电后，CPU 自动进入 STOP（停止）模式。

◆ 用 STEP7-Micro/WIN 编程软件改变工作方式必须满足两个条件：其一，编程器必须通过 PC/PPI 电缆与 PLC 连接；其二，模式开关必须置于 RUN 或 TEAM 模式。

在编程软件中单击工具条上的运行按钮▶或执行菜单命令 PLC→RUN，PLC 将进入运行状态；单击停止按钮■或执行菜单命令 PLC→STOP，PLC 将进入 STOP 状态。

◆ 在程序中改变操作模式：在程序中插入 STOP 指令，可以使 CPU 由 RUN 模式进入 STOP 模式。

⑨ 模拟电位器：模拟电位器位于前盖下，用来改变特殊寄存器（SMB28、SMB29）中的数值，以改变程序运行时的参数，如定时器、计数器的预置值，过程量的控制值。

⑩ 通信接口：通信接口支持 PPI、MPI 通信协议，有自由方式通信能力，通过通信电缆实现 PLC 与编程器之间、PLC 与计算机之间、PLC 与 PLC 之间、PLC 与其他设备之间的通信。PLC 与计算机的通信情况如图 2-3 所示。

说明：扩展模块由输入接线端子、输出接线端子、状态指示灯和扩展接口等构成，情况基本与主机（基本模块）相同，这里不做过多说明。

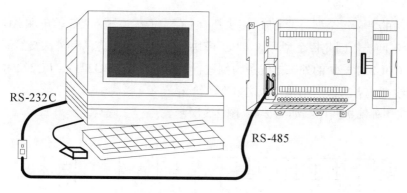

RS-232C

RS-485

图 2-3　PLC 与计算机的通信图

2.2.2　外部接线图

在 PLC 编程中，外部接线图也是其中的重要组成部分之一。由于 CPU 模块、输出类型和外部电源供电方式的不同，PLC 外部接线图也不尽相同。鉴于 PLC 的外部接线图与输入输出点数等诸多因素有关，本书将给出 CPU221、CPU222、CPU224 和 CPU226 四个基本类型的具体情况（注：四种基本类型的派生产品与四种基本类型的情况一致），如表 2-1 所示。

表 2-1　S7-200PLC 的 I/O 点数及相关参数

CPU 模块型号	输入输出点数	电源供电方式	公　共　端	输入类型	输出类型
CPU221	6 输入4 输出	24V DC 电源	输入端 I0.0~I0.3 共用 1M, I0.4~I0.5 共用 2M；输出端 Q0.0~Q0.3 公用 L+	24V DC 输入	24V DC 输出
		100~230V AC 电源	输入端 I0.0~I0.3 共用 1M, I0.4~I0.5 共用 2M；输出端 Q0.0~Q0.2 公用 1L, Q0.3 公用 2L	24V DC 输入	继电器输出
CPU222	8 输入6 输出	24V DC 电源	输入端 I0.0~I0.3 共用 1M, I0.4~I0.7 共用 2M；输出端 Q0.0~Q0.5 公用 L+	24V DC 输入	24V DC 输出
		100~230V AC 电源	输入端 I0.0~I0.3 共用 1M, I0.4~I0.7 共用 2M；输出端 Q0.0~Q0.2 公用 1L, Q0.3~Q0.5 公用 2L	24V DC 输入	继电器输出
CPU224	14 输入10 输出	24V DC 电源	输入端 I0.0~I0.7 共用 1M, I1.0~I1.5 共用 2M；输出端 Q0.0~Q0.4 公用 1M, 1L+, Q0.5~Q1.1 公用 2M, 2L+	24V DC 输入	24V DC 输出
		100~230V AC 电源	输入端 I0.0~I0.7 共用 1M, I1.0~I1.5 共用 2M；输出端 Q0.0~Q0.3 公用 1L, Q0.4~Q0.6 公用 2L, Q0.7~Q1.1 公用 3L	24V DC 输入	继电器输出
CPU226	24 输入16 输出	24V DC 电源	输入端 I0.0~I1.4 共用 1M, I1.5~I2.7 共用 2M；输出端 Q0.0~Q0.7 公用 1M, 1L+, Q1.0~Q1.7 公用 2M, 2L+	24V DC 输入	24V DC 输出
		100~230V AC 电源	输入端 I0.0~I1.4 共用 1M, I1.5~I2.7 共用 2M；输出端 Q0.0~Q0.3 公用 1L, Q0.4~Q1.0 公用 2L, Q1.1~Q1.7 公用 3L	24V DC 输入	继电器输出

需要说明的是，每个型号的 CPU 模块都有 DC 电源/DC 输入/DC 输出和 AC 电源/DC 输入/继电器输出两类，因此每个型号的 CPU 模块（主机）也对应两种外部接线图，本书仅以最常用型号 CPU224 模块的外部接线图为例进行讲解。对于 CPU221、CPU222 和 CPU226 模块的外部接线图读者可参考附录 C，这里不予给出。

◆ CPU224 外部接线图：如图 2-4、图 2-5 所示。

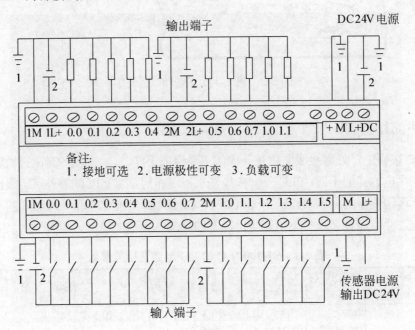

图 2-4 CPU224 DC 电源/DC 输入/DC 输出外部接线图

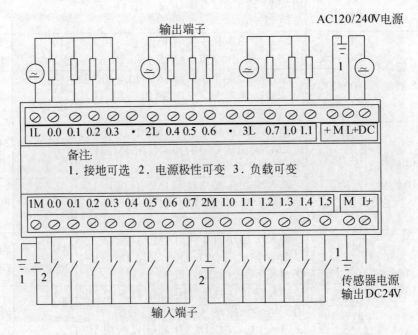

图 2-5 CPU224 AC 电源/DC 输入/继电器输出外部接线图

2.3 S7-200PLC 的数据类型与数据区划分

2.3.1 数据类型

（1）数据类型

S7-200PLC 的指令系统所用的数据类型有：1 位布尔型（BOOL）、8 位字节型（BYTE）、16 位无符号整数型（WORD）、16 位有符号整数型（INT）、32 位符号双字整数型（DWORD）、32 位有符号双字整数型（DINT）和 32 位实数型（REAL）。

（2）数据长度与数据范围

在 S7-200PLC 中，不同的数据类型有不同的数据长度和数据范围。通常情况下，用位、字节、字和双字所占的连续位数表示不同数据类型的数据长度，其中布尔型的数据长度为 1 位，字节的数据长度为 8 位、字的数据长度为 16 位，双字的数据长度为 32 位。数据类型、数据长度和数据范围如表 2-2 所示。

表 2-2 数据类型、数据长度和数据范围

数据类型 数据长度	无符号整数范围（十进制）	有符号整数范围（十进制）
布尔型（1 位）	取值 0、1	
字节 B（8 位）	0~255	−128~127
字 W（16 位）	0~65535	−32768~32767
双字 D（32 位）	0~4294967295	−2147493648~2147493647

2.3.2 存储器数据区的划分

S7-200PLC 存储器有 3 个存储区，分别为程序区、系统区和数据区。

程序区用来存储用户程序，存储器为 EEPROM；系统区用来存储 PLC 配置结构的参数，如 PLC 主机和扩展模块 I/O 配置和编制、PLC 站地址等，存储器为 EEPROM。

数据区是用户程序执行过程中的内部工作区域，该区域用来存储工作数据和作为寄存器的使用，存储器为 EEPROM 和 RAM。数据区是 S7-200PLC 存储器特定区域，它包括输入映像寄存器（I）、输出映像寄存器（Q）、内部标志位存储器（M）、特殊标志位存储器（SM）、顺序控制继电器存储器（S）、定时器存储器（T）、计数器存储器（C）、变量存储器（V）、局部存储器（L）、模拟量输入映像寄存器（AI）、模拟量输出映像寄存器（AQ）、累加器（AC）和高速计数器（HC），如图 2-6 所示。

（1）数据区存储器的地址格式

存储器由许多存储单元组成，每个存储单元都有唯一的地址，在寻址时可以依据存储器的地址来存储数据。数据区存储器的地址格式有如下几种。

◆ 位地址格式：位是计算机的最小存储单位，常用 0、1 两种取值来描述各元件的工作状态。当某位取值为 1 时，表示线圈闭合，对应触点发生动作即常开触点闭合常闭触点断开；

当某位取值为 0 时，表示线圈断开，对应触点发生动作即常开触点断开常闭触点闭合。

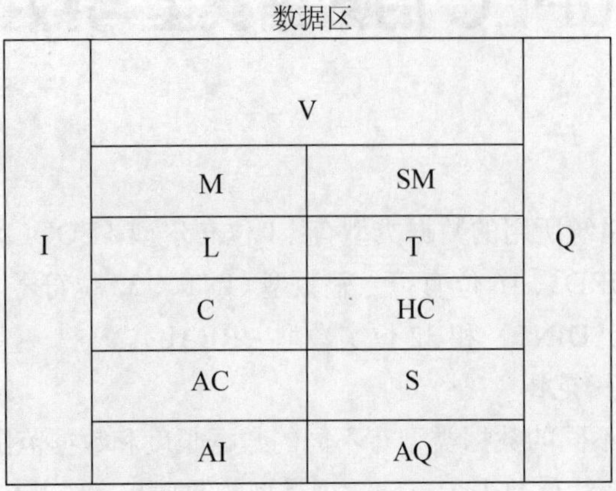

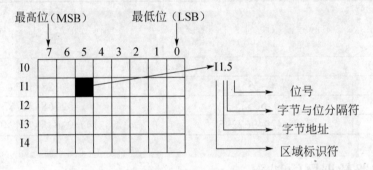

图 2-6　数据区空间分配图

数据区存储器位地址格式可以表示为：区域标识符+字节地址+字节与位分隔符+位号；例如 I1.5，其中第 0 位为最低位（LSB），第 7 位为最高位（MSB），如图 2-7 所示。

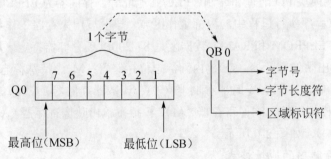

图 2-7　数据区存储器位地址格式

◆　字节地址格式：相邻的 8 位二进制数组成一个字节。字节地址格式可以表示为：区域识别符+字节长度符 B+字节号；例如 QB0 表示由 Q0.0~Q0.7 这 8 位组成的字节，如图 2-8 所示。

图 2-8　数据区存储器字节地址格式

◆　字地址格式：两个相邻的字节组成一个字。字地址格式可以表示为：区域识别符+字长度符 W+起始字节号，且起始字节为高有效字节；例如 VW100 表示由 VB100 和 VB101 这 2 个字节组成的字，如图 2-9 所示。

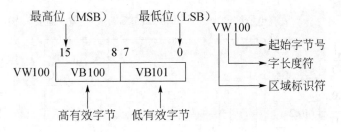

图2-9　数据区存储器字地址格式

◆ 双字地址格式：相邻的两个字组成一个双字。双字地址格式可以表示为：区域识别符+双字长度符D+起始字节号，且起始字节为最高有效字节；例如VD100表示由VB100~VB103这4个字节组成的双字，如图2-10所示。区域标识符与图2-6的一致。

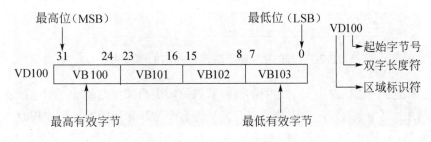

图2-10　数据区存储器双字地址格式

（2）数据区空间存储器

① 输入映像寄存器（I）

输入映像寄存器是PLC用来接收外部输入信号的窗口，工程上经常将其称为输入继电器。在每个扫描周期的开始，CPU都对各个输入点进行集中采样，并将相应的采样值写入输入映像寄存器中，这一过程可以形象地将输入映像寄存器比作输入继电器来理解，如图2-11所示。在图2-11中，每个PLC的输入端子都与相应的输入继电器线圈相连，当有外部信号输入时，对应的输入继电器线圈得电即输入映像寄存器相应位写入"1"，程序中对应的常开触点闭合常闭触点断开；当无外部输入信号时，对应的输入继电器线圈失电即输入映像寄存器相应位写入"0"，程序中对应的常开触点和常闭触点保持原来状态不变。

需要说明的是，输入映像寄存器中的数值只能由外部信号驱动，不能由内部指令改写；输入映像寄存器有无数个常开和常闭触点供编程时使用，且在编写程序时，只能出现输入继电器触点不能出现线圈。

输入映像寄存器可采用位、字节、字和双字来存取。位存取有效地址范围：I0.0~I15.7，因此输入映像寄存器存储空间共128位（16×8=128,其中16为字节数,8为每个字节的位数）。

② 输出映像寄存器（Q）

输出映像寄存器是PLC向外部负载发出控制命令的窗口，工程上经常将其称为输出继电器。在每个扫描周期的结尾，CPU都会根据输出映像寄存器的数值来驱动负载，这一过程可以形象的将输出映像寄存器比作输出继电器，如图2-11所示。在图2-11中，每个输出继电器线圈都与相应输出端子相连，当有驱动信号输出时，输出继电器线圈得电，对应的常开触点闭合，从而驱动了负载。反之，则不能驱动负载。

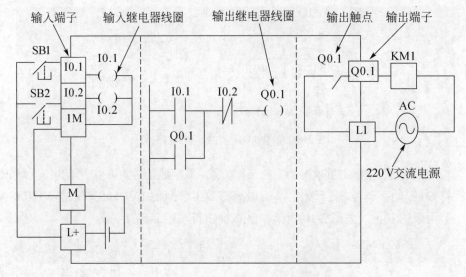

图 2-11　输入、输出映像寄存器的等效电路

需要指出的是，输出继电器的线圈的通断状态只能由内部指令驱动，即输出映像寄存器的数值只能由内部指令写入；输出映像寄存器有无数个常开和常闭触点供编程时使用，且在编写程序时，输出继电器触点、线圈都能出现，且线圈的通断状态表示程序最终的运算结果，这与下面要讲的辅助继电器有着明显的区别。

输出映像寄存器可采用位、字节、字和双字来存取。位存取有效地址范围：Q0.0～Q15.7，因此输出映像寄存器存储空间共 128 位。

③　内部标志位存储器（M）

内部标志位存储器在实际工程中常称作辅助继电器，其作用相当于继电器控制电路中的中间继电器，它用于存放中间操作状态或存储其他相关数据，如图 2-12（b）所示。内部标志位存储器在 PLC 中无相应的输入输出端子对应，辅助继电器线圈的通断只能由内部指令驱动，且每个辅助继电器都有无数对常开常闭触点供编程使用。辅助继电器不能直接驱动负载，它只能通过本身的触点与输出继电器线圈相连，由输出继电器实现最终的输出，从而达到驱动负载的目的。

内部标志位存储器可采用位、字节、字和双字来存取，其位存取有效地址范围：M0.0～M31.7,因此内部标志位存储器存储空间共 256 位。

④　特殊标志位存储器（SM）

有些内部标志位存储器具有特殊功能或用来存储系统的状态变量和有关控制参数和信息，这样的内部标志位存储器被称为特殊标志位存储器。它用于 CPU 与用户之间的信息交换，其位地址有效范围为 SM0.0～SM179.7,共有 180 个字节，其中 SM0.0～SM29.7 这 30 个字节为只读型区域，用户只能使用其触点。

常用的特殊标志位存储器有如下几个（注意这几个为只读型标志位存储器，用户只能使用其触点）。

◆ SM0.0：用于运行（RUN）监控。在 PLC 运行时，SM0.0 恒为 "1"，因此 SM0.0 的触点就相当于一条导线。在 S7-200PLC 的梯形图语言中，由于有 "线圈不能和左母线直接相连"

的规定，所以往往在左母线与线圈之间加一 SM0.0 触点使二者隔开，这样就避免了语法错误，如图 2-12（a）所示。

◆ SM0.1：初始化脉冲。它仅在执行用户程序的第一个扫描周期为 "1" 即只能激活一个扫描周期，往往出现在顺序功能图的最前边，如图 2-12（b）所示。

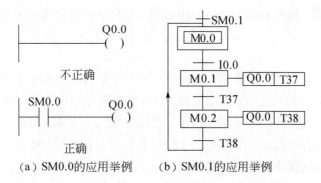

（a）SM0.0 的应用举例　　（b）SM0.1 的应用举例

图 2-12　特殊标志位存储器的应用举例

◆ SM0.4：分脉冲即在 PLC 程序运行时，SM0.4 产生周期为 1min 的时钟脉冲。SM0.4 的占空比为 50%，也就是说在一个时间周期中，SM0.4 接通时间为半分钟，断开时间为半分钟。在编写程序时，SM0.4 经常作为脉冲发生元件，其波形如图 2-13 所示。

◆ SM0.5：秒脉冲即在 PLC 程序运行时，SM0.5 产生周期为 1s 的时钟脉冲。SM0.5 的占空比为 50%，也就是说在一个时间周期中，SM0.5 接通时间为半秒，断开时间为半秒。在编写程序时，SM0.5 经常作为脉冲发生元件，其波形如图 2-13 所示。

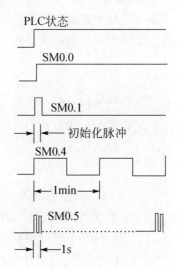

图 2-13　特殊标志位存储器的波形图

◆ SM1.0：零标志位，当运算结果=0 时，该位置 1。

◆ SM1.1：溢出标志位，当运算结果=1 时，该位置 1。

SM1.0、SM1.1 在移位指令中有应用。其他特殊标志位存储器的用途这里不做过多说明，若有需要读者可参考附录，或者查阅 PLC 的相关书籍、文献和手册。

⑤ 顺序控制继电器存储器（S）

顺序控制继电器用于顺序控制（也称步进控制），与辅助继电器一样也是顺序控制编程中的重要编程元件之一，它通常与顺序控制继电器指令(也称步进指令)联用以实现顺序控制编程。

顺序控制继电器存储器可采用位、字节、字和双字来存取，其位存取有效地址范围：S0.0～S31.7，共有 32 字节。需要说明的是，顺序控制继电器存储器的顺序功能图与辅助继电器的顺序功能图基本一致，只不过是把图 2-12（b）的编程元件 M 改成 S 而以。

⑥ 定时器存储器（T）

定时器相当于继电器控制电路中的时间继电器，它是 PLC 中的定时编程元件。按其工作方式的不同可以将其分为：通电延时型定时器、断电延时型定时器和保持型通电延时定时器 3 种。定时时间=预置值×时基，其中预置值在编程时设定，时基有 1ms、10ms 和 100ms 三种。定时器的位存取有效地址范围为 T0～T255，因此定时器共计 256 个。在编程时定时器可以有无数个常开和常闭触点供用户使用。

⑦ 计数器存储器（C）

计数器是 PLC 中常用的计数元件，它用来累计计数输入端的脉冲个数。在实际生产中通过编程经常用于对相关产品的计数，如药品生产行业、啤酒生产行业等。按其工作方式的不同可以将其分为：加计数器、减计数器和加减计数器 3 种。计数器的位存取有效地址范围为 C0～C255，因此计数器共计 256 个，但其常开和常闭触点有无数对供编程使用。

⑧ 高速计数器（HC）

高速计数器的工作原理与普通的计数器基本相同，只不过它是用来累计高速脉冲信号的。当高速脉冲信号的频率比 CPU 扫描速度更快时必须用高速计时器来计数。注意高速计时器的计数过程与扫描周期无关，它是一个较为独立的过程；高速计数器的当前值为只读值，在读取时以双字寻址。高速计数器只能采用双字的存取形式，CPU224、CPU226 的双字有效地址范围为：HC0～HC5。

⑨ 局部存储器（L）

局部存储器用来存放局部变量，并且只在局部有效，局部有效是指某个局部存储器只能在某一程序分区（主程序、子程序和中断程序）中被使用。它可按位、字节、字和双字来存取。其位有效地址范围为 L0.0～L63.7，共计 64 个字节。

⑩ 变量存储器（V）

变量存储器与局部存储器十分相似，只不过变量存储器存放的是全局变量，它用在程序执行的控制过程中，控制操作中间结果或其他相关数据，变量存储器全局有效，全局有效是指同一个存储器可以在任意程序分区（主程序、子程序和中断程序）被访问。它和局部存储器一样可按位、字节、字和双字来存取，CPU224、CPU226 的位有效地址范围为：V0.0～V5119.7。

⑪ 累加器(AC)

累加器是用来暂时存储计算中间值的存储器，也可向子程序传递参数或返回参数。S7-200PLC 的 CPU 提供了 4 个 32 位累加器（AC0、AC1、AC2、AC3），可按字节、字和双字存取累加器中的数值。累加器是可读写单元。累加器的有效地址为 AC0～AC3。

⑫ 模拟量输入映像寄存器（AI）

模拟量输入模块将外部输入连续变化的模拟量信号通过 A/D(模数转换)转换为 1 个字长

（16 位）的数字量信号，并存放在输入映像寄存器中，供 CPU 运算和处理。模拟量输入映像寄存器中的数值为只读值，且模拟量输入映像寄存器的地址必须使用偶数字节地址来表示，如 AIW2,AIW4 等。模拟量输入映像寄存器的地址编号范围因 CPU 模块型号的不同而不同，CPU224,CPU226 地址编号范围为：AIW0～AIW62。

⑬ 模拟量输出映像寄存器（AQ）

CPU 运算相关结果存放在模拟量输出映像寄存器中，将 1 个字长(16 位)的数字量信号通过 D/A(数模转换)转换为模拟量输出信号，用以驱动外部模拟量控制设备。和模拟量输入映像寄存器一样，模拟量输出映像寄存器中的数值也为只读值，且模拟量输出映像寄存器的地址也必须使用偶数字节地址来表示，如 AQW2,AQW4 等。CPU224,CPU226 地址编号范围为：AQW0～AQW62。

2.4　S7-200PLC 的寻址方式

在执行程序过程中，处理器根据指令中所给的地址信息来寻找操作数的存放地址的方式叫寻址方式。S7-200PLC 的寻址方式有立即寻址、直接寻址和间接寻址。

2.4.1　立即寻址

可以立即进行运算操作的数据叫立即数，对立即数直接进行读写的操作寻址称为立即寻址。立即寻址可用于提供常数和设置初始值等。立即寻址的数据在指令中常常以常数的形式出现，常数可以为字节、字、双字等数据类型。CPU 通常以二进制方式存储所有常数，指令中的常数也可按十进制、十六进制、ASCⅡ等形式表示，具体格式如下：

二进制格式：在二进制数前加 2# 表示二进制格式，如 2#1110。

十进制格式：直接用十进制数表示即可，如 1234。

十六进制格式：在十六进制数前加 16# 表示十六进制格式，如 16#2A6E。

ASCⅡ码格式：用单引号 ASCⅡ码文本表示，如 'Hello'。

需要指出，"#"为常数格式的说明符，若无"#"则默认为十进制。

2.4.2　直接寻址

直接寻址是指在指令中直接使用存储器或寄存器地址编号，直接到指定的区域读取或写入数据。直接寻址有位、字节、字和双字等寻址格式，如 I1.5，QB0，VW100，VD100，具体图例与图 2-7～图 2-10 大致相同，这里不再赘述。

需要说明的是位寻址的存储区域有：I、Q、M、SM、L、V、S；字节、字、双字寻址的存储区域有：I、Q、M、SM、L、V、S、AI、AQ。

2.4.3　间接寻址

间接寻址是指数据存放在存储器或寄存器中，在指令中只出现所需数据所在单元的内存地址，即指令给出的是存放操作数地址的存储单元的地址，我们把存储单元地址的地址称为地址指针。在 S7-200PLC 中只允许使用指针对 I、Q、M、L、V、S、T(仅当前值)、C(仅当前值)存储区域进行间接寻址，而不能对独立位(bit)或模拟量进行间接寻址。

（1）建立指针

间接寻址前必须事先建立指针，指针为双字（即 32 位），存放的是另一个存储器的地址，指针只能为变量存储器（V）、局部存储器（L）或累加器（AC1、AC2、AC3）。建立指针时，要使用双字传送指令（MOVD）将数据所在单元的内存地址传送到指针中，双字传送指令（MOVD）的输入操作数前需加"&"号，表示送入的是某一存储器的地址而不是存储器中的内容，例如"MOVD &VB200，AC1"指令，表示将 VB200 的地址送入累加器 AC1 中，其中累加器 AC1 就是指针。

（2）利用指针存取数据

在利用指针存取数据时，指令中的操作数前需加"*"号，表示该操作数作为指针，如"MOVW *AC1，AC0"指令，表示把 AC1 中的内容送入 AC0 中，如图 2-14 所示。

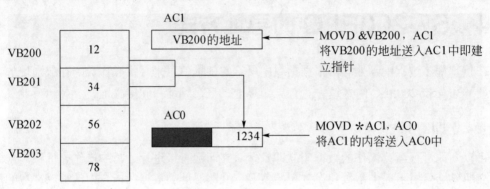

图 2-14　间接寻址图示

（3）间接寻址举例

用累加器(AC1)作地址指针，将变量存储器 VB200，VB201 中的 2 个字节数据内容 1234 移入到标志位寄存器 MB0，MB1 中。

解析：如图 2-15 所示。

① 建立指针，用双字节移位指令 MOVD 将 VB200 的地址移入 AC1 中；

② 用字移位指令 MOVW 将 AC1 中的地址 VB200 所存储的内容(VB200 中的值为 12，VB201 中的值为 34)移入 MW0 中。

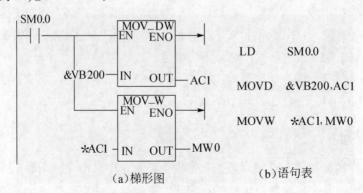

(a)梯形图　　　　　　　(b)语句表

图 2-15　间接寻址举例

2.5 S7-200PLC 编程软件简介

编程软件是西门子 PLC 最主要的编程工具,该软件在 Windows 平台上运行,其功能强大,主要用于应用程序和组态,也可用于实时监控用户程序和执行状态,设置 PLC 的工作方式,以及文档管理等。目前,S7-200PLC 可编程控制器主要使用 STEP7-Micro/WIN V4.0 编程软件进行编程。

2.5.1 STEP7-Micro/WIN V4.0 操作界面

STEP7-Micro/WIN V4.0 编程软件主界面如图 2-16 所示,主界面主要包括菜单栏、工具栏、浏览条、指令树、程序编辑器、输出窗口和状态条等。

图 2-16 STEP7-Micro/WIN V4.0 编程软件主界面

（1）菜单栏

主菜单位于窗口最上方,它包括 8 个主菜单选项,各菜单选项功能如下:

① 文件:它包含一些对文件操作的工具,如新建、打开、关闭、保存、上传和下载程序、文件打印预览、设置和新建库等;

② 编辑:它包含一些程序编辑的工具,如选择、复制、粘贴等,同时还提供查找、替换、光标快速定位等功能;

③ 查看:通过它可以设置软件开发环境的风格,如决定其他辅助窗口的打开和关闭、选择不同语言的编辑器等;

④ PLC:它用于建立与 PLC 联机的相关操作,如改变 PLC 工作方式、在线编辑、查看 PLC 的信息、清除程序和数据、时钟、PLC 类型选择等;

⑤ 调试：它包括监控和调试里的常用工具，主要用于联机调试；

⑥ 工具：它可以调用复杂指令向导，使得复杂命令编辑操作大大简化；

⑦ 窗口：可以打开一个或多个窗口，并能够在各个窗口之间进行操作，还可以设置窗口的排放形式；

⑧ 帮助：通过帮助中的"目录和索引"可以查阅几乎所有的使用帮助信息，并提供上网查询方式；

（2）浏览条

浏览条中设置了控制程序特性的按钮，它包括程序块显示、符号表、数据块、系统块、状态图等。

（3）工具条

工具条将最常用的操作以按钮的形式设定到主窗口，方便用户的编辑和调试。主要有以下几部分：

① 标准工具条，如图 2-17 所示；

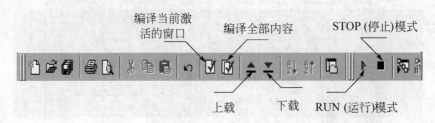

图 2-17　标准工具条

② 指令工具条，如图 2-18 所示；

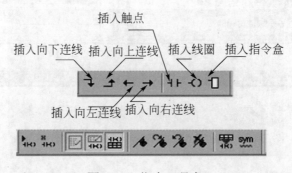

图 2-18　指令工具条

③ 调试工具条，如图 2-19 所示。

图 2-19　调试工具条

（4）程序编辑器

它包括项目所有编辑器的局部变量表、符号表、状态表、数据块、交叉引用、程序试图和制表符。

2.5.2　程序的编写与传送

① 创建新项目：用菜单命令"文件→新建"，可生成一个新项目。

② 打开一个已有的项目：用菜单命令"文件→打开"，可打开已有的项目；项目的扩展名为 mwp。

③ PLC 型号设置：在指令树中右击项目的 CPU 选项，在弹出菜单中左击"类型"，在弹出的 PLC 类型对话框中选择所用型号后，单击确定，如图 2-20 所示。

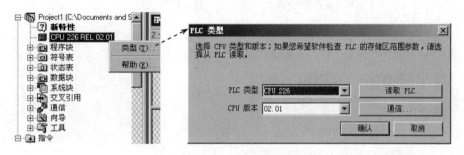

图 2-20　PLC 型号设置

④ 程序输入法：编程元件的输入首先是在程序编辑器窗口中将光标移到需要放置元件的位置，然后输入编辑元件；具体方法如下：

a. 用鼠标左键单击工具条，如图 2-21 所示；

图 2-21　程序输入法一

b. 用快捷键 F4（触点）、F6（线圈）、F9（指令盒），即出现下拉菜单，如图 2-22 所示；

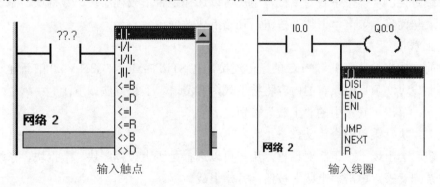

图 2-22　程序输入法二

c. 在指令树中选择需要指令，如图 2-23 所示。采用双击或拖放元件符号方式输入到程序编辑器中。

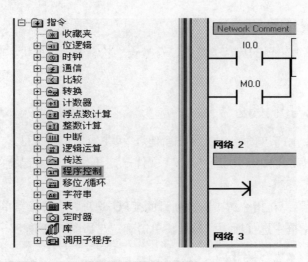

图 2-23　程序输入法三

2.5.3　程序的编译、下载和上载

（1）编译

方法一：执行"PLC"菜单中"编译"命令；

方法二：单击工具条中的"编译按钮"。

可以分别编译当前打开的程序或所有的程序，编译后在屏幕下部的输出窗口将会显示程序中语法错误的个数，各条错误的原因和错误在程序中的位置。双击某条错误，将会显示程序编辑器中该错误所在的网络。必须改正程序中所有的错误，编译成功后，才能下载程序。若没有编译程序，在下载前编程软件将会自动的对程序进行编译，并在输出窗口显示编译结果。

（2）下载

计算机与 PLC 建立起通信连接后，可以将程序下载到 PLC 中。下载方法如下：

方法一：单击工具条中的"下载"按钮；

方法二：执行菜单命令"文件→下载"。

在下载时会出现一个下载对话框，用户可以选择是否下载程序块、数据块、系统块、配方数据记录配置等，单击"下载"按钮，开始下载数据。

（3）上载

上载前应建立起计算机与 PLC 的通信连接，在 STEP7-Micro/WIN V4.0 中新建一个空项目来保存上载块，项目中原有的内容将被上载内容覆盖。上载方法如下：

方法一：单击工具条中的"上载"按钮；

方法二：执行菜单命令"文件→上载"。

在上载时会出现一个下载对话框，用户可以选择是否上载程序块、数据块、系统块、配方数据记录配置等，单击"上载"按钮，开始上载数据。

（4）运行和调试程序

下载程序后，将 PLC 的工作模式开关拨至 RUN 位置，"RUN" LED 灯亮，用户程序开始运行；工作模式开关在"RUN"位置时，可用编程软件工具条的 RUN 按钮和 STOP 按钮切换 PLC 的操作模式。

2.5.4　程序的监控与调试

在运行 STEP7-Micro/WIN V4.0 的计算机与 PLC 之间建立起通信联系,并将程序下载 PLC 后,执行菜单命令"调试→开始程序状态监控"或者单击工具条中的"程序状态监控"按钮,可以用程序状态监控程序运行的情况。如需暂停程序状态监控,单击工具条中的"暂停程序状态监控"按钮。

第3章

S7-200PLC 基本逻辑指令

本章要点

- ◎ 位逻辑指令及应用举例
- ◎ 梯形图的书写规则与技巧
- ◎ 定时器指令及应用举例
- ◎ 计数器指令及应用举例

　　基本逻辑指令是 PLC 中最基本最常见的指令，基本逻辑指令一般是指位逻辑指令、定时器指令和计数器指令，这类指令通过触点的串并联、定时、计数等功能，可很容易实现对生产设备的基本控制。基本逻辑指令多用于开关量的逻辑控制。

3.1　位逻辑指令(一)

　　位逻辑指令主要指对 PLC 存储器中的某一位进行操作的指令，它的操作数是位。位逻辑指令包括触点指令和线圈指令两大类，常见的触点指令有触点取用(装载)指令、触点串联指令、触点并联指令、电路块的串联指令、电路块的并联指令等；常见的线圈指令有线圈输出指令、置位复位指令等。位逻辑指令是依靠 1、0 两个数进行工作的，1 表示触点或线圈的通电状态，0 表示断电状态。利用位逻辑指令可以实现基本的位逻辑运算和控制，在继电器控制系统的控制中应用较多。

重点提示

　　① 在位逻辑指令中，每个指令常见语言表达形式均有两种：一种是梯形图；一种是语句表；
　　② 语句表的基本表达形式为：操作码+操作数，其中操作数以位地址格式形式出现。

3.1.1　触点的取用指令与线圈输出指令

　　(1) 触点取用指令

　　触点取用指令又称触点装载指令，梯形图表达形式如图 3-1（a）所示；语句表表达形式如图 3-1（b）所示，语句表中操作码具体形式如下：

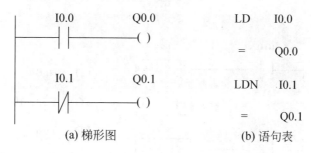

(a) 梯形图   (b) 语句表

图 3-1　触点取用指令与线圈输出指令

LD(Load):用于逻辑运算的开始，表示常开触点与左母线相连；

LDN(Load Not):用于逻辑运算的开始，表示常闭触点与做母线相连；

LD/LDN 的操作数为：I、Q、M、SM、T、C、V、S。

（2）线圈输出指令

梯形图形式如图 3-1（a）所示；语句表表达形式如图 3-1（b）所示，语句表中的操作码具体形式如下：

=(Out):用于线圈的驱动，对应梯形图上的线圈必须放在最右端；

=(Out)的操作数为： Q、M、SM、T、C、V、S；

（3）使用说明

① 在每个逻辑运算的开始都需要取用（装载）指令 LD/LDN 指令,在每个电路块的开始都需要重新装载（具体参考下面要讲的 ALD、OLD 指令）。

② =(OUT)指令可以并联使用任意次，但不能串联使用，如图 3-2 所示。

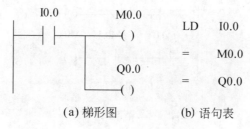

(a) 梯形图   (b) 语句表

图 3-2　线圈输出指令的使用技巧

③ 线圈输出指令的梯形图表示中，同一编号线圈不能出现多次（即不能出现双线圈问题），如图 3-3 所示。

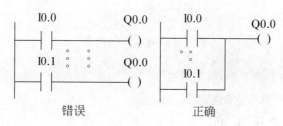

错误   正确

图 3-3　双线问题

④ 当操作数为 C、T 时，C、T 的线圈输出指令不以"=(OUT)"形式出现，如图 3-4 所示。

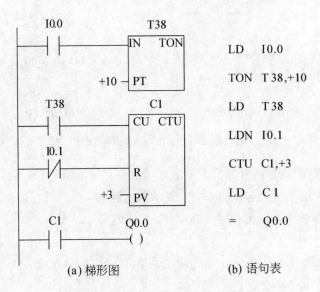

(a) 梯形图 (b) 语句表

图 3-4　含有 C,T 线圈输出指令

3.1.2　触点串联指令(与指令)

① 触点串联指令梯形图表示形式：如图 3-5（a）所示。

② 触点串联指令语句表表达形式：如图 3-5（b）所示，语句表中操作码具体形式如下：

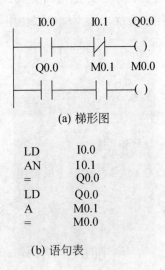

(a) 梯形图

```
LD      I0.0
AN      I0.1
=       Q0.0
LD      Q0.0
A       M0.1
=       M0.0
```

(b) 语句表

图 3-5　触点串联指令

A（And）：用于单个常开触点的串联；

AN(And Not)：用于单个常闭触点的串联；

A/AN 指令的操作数为：I、Q、M、SM、T、C、V、S。

③ 使用说明

a. 单个触点串联指令可以连续使用，但在梯形图中受打印宽度和屏幕显示的限制，一般说来可以串联触点上限为 11 个；

b. 若单个触点后串联多个触点的并联组合，必须使用 ALD 指令，如图 3-6 所示；

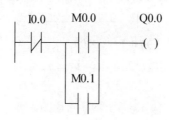

图 3-6 多个触点应用问题（1）

c. 梯形图若按正常原则书写，可以重复使用=指令，如图 3-7 所示。

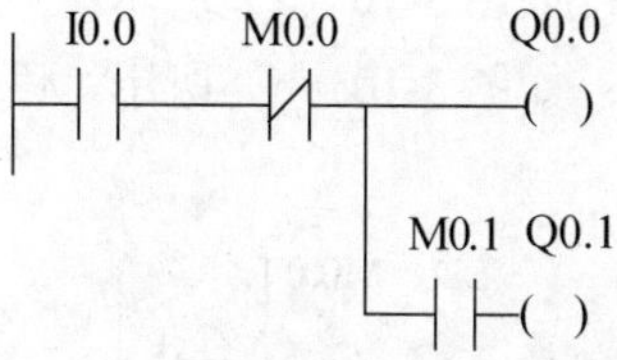

I0.0   M0.0   Q0.0
                     ( )

          M0.1 Q0.1
                ( )

(a) 梯形图

```
LD   I0.0
AN   M0.0
=    Q0.0
A    M0.1
=    Q0.1
```

(b) 语句表

图 3-7 多个触点应用问题（2）

3.1.3 触点并联指令(或指令)

① 触点并联指令梯形图表示形式：如图 3-8（a）所示。

② 触点并联指令语句表表达形式：如图 3-8（b）所示，语句表中操作码具体形式如下：

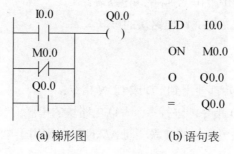

(a) 梯形图   (b) 语句表

图 3-8 触点并联指令

O(Or)：用于单个常开触点的并联；

ON(Or Not)：用于单个常闭触点的并联；

O/ON 指令的操作数为：I、Q、M、SM、T、C、V、S。

③ 使用说明

a. O/ON 指令可连续使用，但在梯形图中受打印宽度和屏幕显示的限制，一般说来一次最多可以并联7个常开触点；一次最多可以并联6个常闭触点；

　　b. 若两个以上触点串联后在并联，则必须采用 OLD 指令，如图3-9所示。

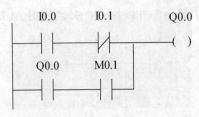

图3-9　多个触点应用问题

3.1.4　电路块的串联指令(块与指令)

　　① 电路块的串联指令梯形图表达形式：如图3-10（a）所示；

　　② 电路块的串联指令语句表表达形式：如图3-10（b）所示，语句表中操作码具体形式如下：

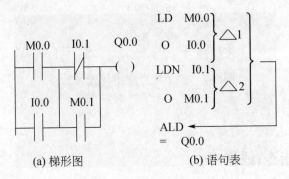

(a) 梯形图　　　　　　(b) 语句表

图3-10　电路块串联指令

　　两个以上的触点并联形成的电路叫并联电路块；

　　ALD(And Load)：用来描述并联电路块的串联关系；

　　ALD 无操作数。

　　③ 使用说明

　　a. 在每个并联电路开始都要用到 LD 或 LDN 指令；

　　b. 可以顺次使用 ALD 指令，进行多个并联电路块的串联；

　　c. ALD 指令用于并联电路块的串联，而 A/AN 指令则用于单个触点的串联。

3.1.5　电路块的并联指令(块或指令)

　　① 电路块的并联指令梯形图表达形式：如图3-11（a）所示。

　　② 电路块的并联指令语句表表达形式：如图3-11（b）所示，语句表中操作码具体形式如下。

　　两个以上触点串联所形成的电路叫串联电路块；

　　OLD(Or Load):用于描述串联电路块的并联关系；

OLD 无操作数。

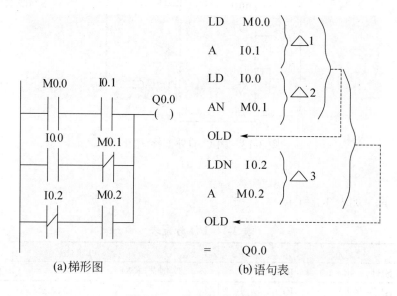

(a)梯形图   (b)语句表

图 3-11　电路块并联指令

③ 使用说明

a. 在串联电路块的开始需要用到 LD 或 LDN 指令；

b. 可以顺次使用 OLD 指令，进行多个串联电路块的并联；

c. OLD 指令用于串联电路块的并联，而 O/ON 指令则用于单个触点的并联。

3.1.6　基本逻辑指令应用举例

（1）启保停电路

启保停电路在实际编程中应用比较广泛，它最大的特点就是利用自身的自锁(又称自保持)可以获得记忆功能，三相异步电动机单向连续控制就是启保停电路的典型应用实例，如图 3-12 所示。

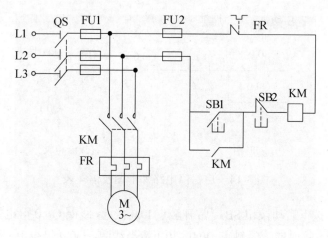

图 3-12　三相异步电动机单向连续控制电路

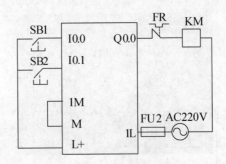

图 3-13　PLC 的外部接线图

案例实现：

① I/O 分配，如表 3-1 所示。

表 3-1　I/O 分配表

输入		输出	
启动按钮 SB1	I0.0	接触器 KM	Q0.0
停止按钮 SB2	I0.1		

② 外部接线图，如图 3-13 所示；注：三相异步电动机单向连续控制的主电路不变，只需将控制电路换成 PLC 控制即可。

③ 梯形图和语句表，如图 3-14 所示；注：根据两种控制系统的相似性，梯形图的编写采用翻译设计法。

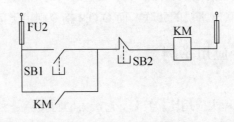

(a) 继电器电路

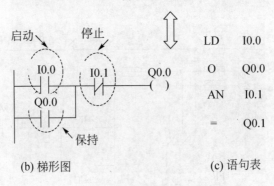

(b) 梯形图　　　　　　　　(c) 语句表

图 3-14　启保停电路梯形图及语句表

④ 案例解析：按下启动按钮 SB1，常开触点 I0.0 接通，线圈 Q0.0 得电并自锁；松开 SB1，常开触点 I0.0 断开，这时能流经触点 Q0.0、I0.1 流至线圈，Q0.0 仍得电，这就是自锁或自保持功能，启保停电路就是通过这个功能实现记忆的；当按下停止按钮 SB2，常闭触点 I0.1 断

开，线圈 Q0.0 失电同时常开触点 Q0.0 断开，松开停止按钮 SB2，线圈 Q0.0 仍保持断电状态。

（2）互锁电路

互锁电路利用两个或多个常闭触点来保证线圈不能同时得电，三相异步电动机正反转控制电路就是典型实例，如图 3-15 所示。

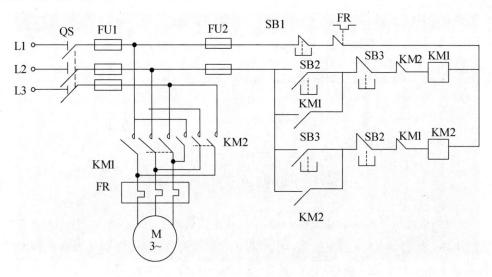

图 3-15　三相异步电动机正反转控制电路

① I/O 分配，如表 3-2 所示。

表 3-2　I/O 分配表

输入		输出	
停止按钮 SB1	I0.0	正转接触器 KM1	Q0.0
正转启动按钮 SB2	I0.1	反转接触器 KM2	Q0.1
反转启动按钮 SB3	I0.2		

② 外部接线图，如图 3-16 所示。在图 3-16 中，电动机正反切换时，为了防止某一接触器主触点因熔焊而粘连，在另一接触器通电时，造成三相电源短路事故，因此设有 KM1、KM2 组成的硬件互锁电路；需要说明，主触点熔焊而粘连的原因主要有两方面：一是主电路电流过大，二是接触器质量不好。

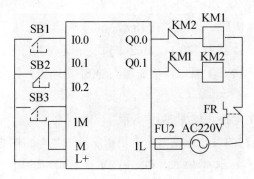

图 3-16　PLC 的外部接线图

③ 梯形图及语句表，如图3-17所示；在梯形图中，为了防止正反转切换造成的相间短路，在软件程序中设有双重互锁电路。

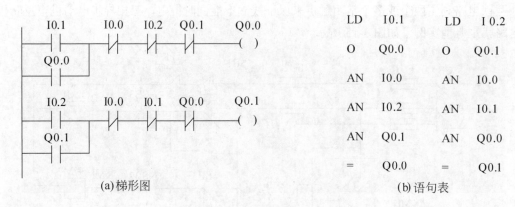

(a) 梯形图   (b) 语句表

图3-17　互锁电路的梯形图及语句表

④ 案例解析：按下正向启动按钮 SB2 时，常开触点 I0.1 闭合，驱动线圈 Q0.0 并自锁，通过输出电路，接触器 KM1 得电吸合，电动机正向启动并稳定运行；按下反向按钮 SB3 时，常开触点 I0.2 闭合，驱动线圈 Q0.1 并自锁，通过输出电路，接触器 KM2 得电吸合，电动机反向启动并稳定运行；按下停止按钮 SB1 时或硬件 FR 触点动作时，KM1、KM2 线圈失电释放，电动机停转。

重点提示

在电动机正反转电路中，为防止在切换过程中造成的相间短路，而采用了两种保护措施：
① 硬件保护，具体见外部接线图；
② 软件保护，具体见程序。
以上两点实际工程中值得借鉴。

（3）单脉冲发生电路

在实际编程中，常常会用到单个脉冲，因此单脉冲发生电路显得非常重要。单脉冲发生电路的主要功能在于通过产生单个脉冲来控制系统的启动和复位、计数器的计数、清零等。单脉冲一般在信号变化时产生，其脉冲宽度为一个扫描周期，常见的有两种形式，具体如下。

① 上升沿单脉冲发生电路，如图3-18所示。

若 I0.1 由 OFF→ON 时，线圈 M0.1、M0.2、Q0.1 接通，但在一个扫描周期后，由于 M0.2 的常闭触点断开，致使线圈 M0.1 断电，从而线圈 Q0.1 也断电，因此该电路只能产生一个脉冲即单脉冲。

② 下降沿单脉冲发生电路，如图3-19所示。

下降沿单脉冲发生电路的设计思路与上升沿单脉冲发生电路的思路基本一致，只不过将 I0.1 常开触点改为常闭触点，这样 I0.1 由 ON→OFF 时，可以输出一个周期的单脉冲。

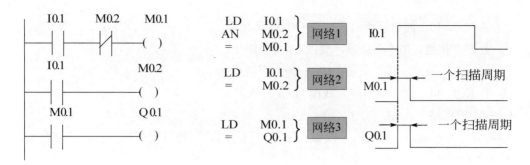

图 3-18　上升沿单脉冲发生电路

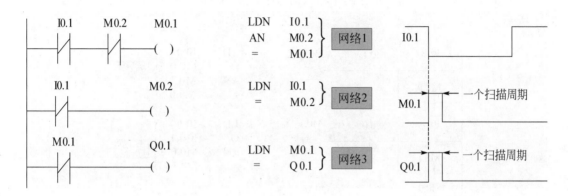

图 3-19　下降沿单脉冲发生电路

（4）译码电路

译码电路又称比较电路，该电路按预先设定的输出要求，根据对两个输入信号的比较，决定某一输出，如图 3-20 所示。

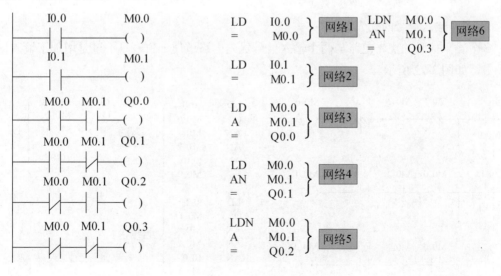

图 3-20　译码电路

案例解析：

① 若 I0.0、I0.1 同时接通时，线圈 Q0.0 有输出；

② 若 I0.0 接通，I0.1 不接通，线圈 Q0.1 有输出；

③ 若 I0.0 不接通，I0.1 接通，线圈 Q0.2 有输出；

④ 若 I0.0、I0.1 都不接通时，线圈 Q0.3 有输出。

（5）优先电路

输入信号优先电路是指有两个及以上的输入信号时，先到者取得优先权，后到者无效；常见的输入信号优先电路有两种：

① 两个输入信号优先电路

两个输入信号优先电路是指在两个输入信号中，先到者取得优先权，后到者无效，如图 3-21 所示。

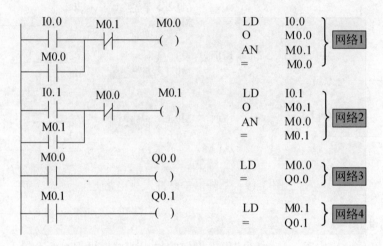

图 3-21　两个输入信号优先电路

② 多个输入信号的优先电路

多个输入信号的优先电路与两个输入信号优先电路道理一致，只不过是增加了输入信号的个数，如图 3-22 所示。

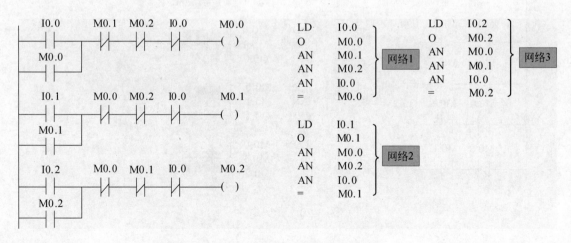

图 3-22　多个输入信号优先电路

重点提示

多个输入信号的优先电路在工程中的应用：

在多个故障检测系统中，有时可能一个故障产生后会引起其他多个故障，这时若能准确判断哪个故障最先出现，对于分析处理故障非常有利。

3.2 位逻辑指令(二)

3.2.1 置位与复位指令

（1）指令功能

置位与复位指令表示在执行该指令时，从指定起始位开始连续 N 位都被置 1 或清 0，其中 $N=1\sim255$，具体如表 3-3 所示。

表 3-3 置位复位指令说明

指令名称	梯形图	语句表	功能	操作数
置位指令 S(set)	bit —(s) N	S bit, N	从起始位(bit)开始连续 N 位被置 1	S/R 指令操作数为：Q、M、SM、T、C、V、S、L
复位指令 R(Reset)	bit —(R) N	R bit, N	从起始位(bit)开始连续 N 位被清 0	

（2）置位与复位指令

如图 3-23 所示。

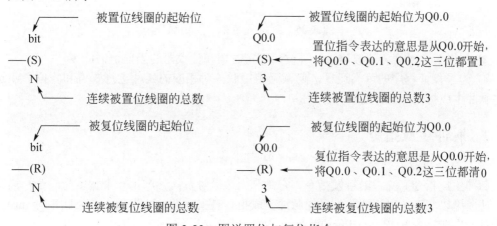

图 3-23 图说置位与复位指令

（3）举例

启保停电路，如图 3-24 所示。

（4）使用说明

① 置位复位指令具有记忆和保持功能，对于某一元件来说一旦被置位，始终保持通电（置 1）状态，直到对它进行复位（清 0）为止，复位指令与置位指令道理一致，如图 3-23 所示启保停电路。

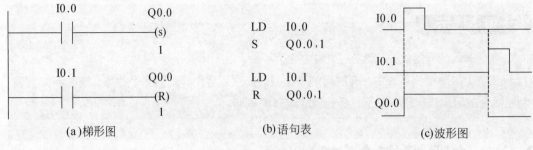

(a)梯形图　　　　　(b)语句表　　　　　(c)波形图

图 3-24　启保停电路

② 置位复位指令的编写顺序可任意安排，但当置位复位指令同时有效时写在后面的指令具有优先权，如图 3-25 所示。

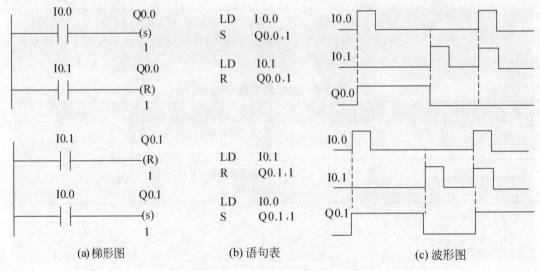

(a)梯形图　　　　　(b)语句表　　　　　(c) 波形图

图 3-25　置位复位指令的用法

③ 如果对定时器和计数器进行复位，则定时器和计数器的当前值被清零。

④ 为了保证程序的可靠运行，通常采用短脉冲对相应的元件进行置位和复位，此问题将在脉冲生成指令中具体讲解。

3.2.2　脉冲生成指令

（1）指令功能

脉冲生成指令又称边沿触发指令，它是利用边沿触发信号产生一个宽度为一个扫描周期的脉冲，用以驱动输出线圈。常见的脉冲生成指令有上升沿脉冲生成指令 EU(Edge up) 和下降沿脉冲生成指令 ED(Edge down) 两种，具体如表 3-4 所示。

表 3-4　脉冲生成指令说明

指令名称	梯形图	语句表	功能	操作数
上升沿脉冲发生指令 EU	─┤P├─	EU	产生宽度为一个扫描周期的上升沿脉冲	无
下降沿脉冲发生指令 ED	─┤N├─	ED	产生宽度为一个扫描周期的下降沿脉冲	无

（2）举例

如图 3-26 所示。

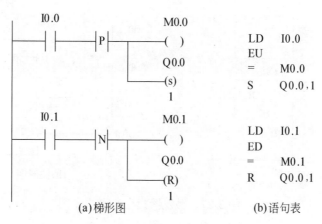

图 3-26　脉冲发生指令的用法

（3）使用说明

① EU、ED 为边沿触发指令，该指令仅在输入信号变化时有效，且输出的脉冲宽度为一个扫描周期；

② 对于开机时就为接通状态的输入条件，EU、ED 指令不执行；

③ EU、ED 指令常常与 S/R 指令联用；

④ EU、ED 指令无操作数。

3.2.3　触发器指令

（1）指令功能

触发器指令的基本功能与置位复位指令的基本功能相同，可将其分为置位优先触发器指令（SR）和复位优先触发器指令（RS）两种，具体如表 3-5 所示。

表 3-5　触发器指令

指令名称	梯形图	语句表	功能	操作数
置位优先触发器指令(SR)	bit S1　OUT SR R	SR	置位信号 S1 和复位信号 R 同时为 1 时，置位优先	S1、R1、S、R 的操作数：I、Q、V、M、SM、S、T、C
复位优先触发器指令(RS)	bit S　OUT R S R1	RS	置位信号 S 和复位信号 R1 同时为 1 时，复位优先	bit 的操作数：I、Q、V、M、S

（2）举例

如图 3-27 所示。

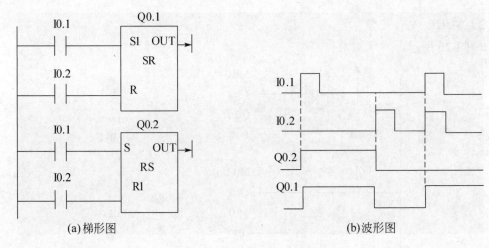

(a) 梯形图　　　　　　　　　　　　　　　(b) 波形图

图 3-27　触发器指令的用法

3.2.4　取反指令与空操作指令

取反指令又称逻辑非指令，用于对逻辑运算结果的取反操作。当它左侧操作数的状态为 1 时，取反后为 0；当它左侧操作数的状态为 0 时，取反后为 1；取反指令本身无操作数，它需要和其他指令配合使用，具体如表 3-6 所示。

空操作指令很少被使用，一般用于程序的检查和调试，或者用于跳转指令的结束。该指令对于程序的执行没有影响，只不过是增加了程序的容量和执行时间；具体如表 3-6 所示。

表 3-6　取反指令与空操作指令说明

指令名称	梯形图	语句表	功能	操作数
取反指令 NOT	—|NOT|—	NOT	取反	无
空操作指令 NOP	N —[NOP]	NOP N	空操作，其中 N 为空操作次数 $N=0\sim255$	无

举例：如图 3-28 所示。

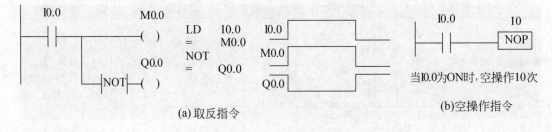

(a) 取反指令　　　　　　　　　　　　　　(b) 空操作指令

图 3-28　取反指令与空操作指令的用法

3.2.5　逻辑堆栈指令

堆栈是一组能够存储和取出数据的暂存单元。在 S7-200PLC 中，堆栈有 9 层，顶层叫栈顶，底层叫栈底。堆栈的存取特点"后进先出"，每次进行入栈操作时，新值都放在栈顶，栈底值丢失；每次进行出栈操作时，栈顶值弹出，栈底值补进随机数。

逻辑堆栈指令主要用来完成对触点进行复杂连接，配合 ALD、OLD 指令使用，逻辑堆栈指令主要有逻辑入栈指令、逻辑读栈指令和逻辑出栈指令，具体如下。

（1）逻辑入栈(LPS)指令

逻辑入栈（LPS）指令又称分支指令或主控指令，执行逻辑入栈指令时，把栈顶值复制后压入堆栈，原堆栈中各层栈值依次下压一层，栈底值被压出丢失。逻辑入栈（LPS）指令的执行情况，如图 3-29（a）所示。

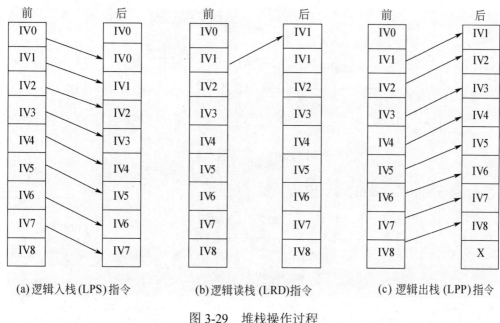

(a)逻辑入栈 (LPS)指令　　　　(b)逻辑读栈 (LRD)指令　　　　(c)逻辑出栈 (LPP)指令

图 3-29　堆栈操作过程

（2）逻辑读栈(LRD)指令

执行逻辑读栈(LRD)指令时，把堆栈中第 2 层的值复制到栈顶，2～9 层数据不变，堆栈没有压入和弹出，但原来的栈顶值被新的复制值取代，逻辑读栈(LRD)指令的执行情况，如图 3-29(b)所示。

（3）逻辑出栈(LPP)指令

逻辑出栈(LPP)指令又称分支结束指令或主控复位指令，执行逻辑出栈(LPP)指令时，堆栈作弹出栈操作，将栈顶值弹出，原堆栈各级栈值依次上弹一级，原堆栈第 2 级的值成为栈顶值，原栈顶值从栈内丢失，如图 3-29（c）所示。

（4）使用说明

① LPS 指令和 LPP 指令必须成对出现；

② 第一个和最后一个从逻辑块不用 LRD 指令；

③ 受堆栈空间的限制，LPS 指令和 LPP 指令连续使用不得超过 9 次；

④ 堆栈指令 LPS、LRD、LPP 无操作数。

（5）举例：

① 一层堆栈电路，如图 3-30 所示。

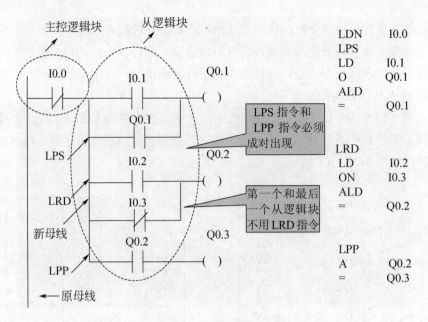

图 3-30　一层堆栈电路

② 二层堆栈电路，如图 3-31 所示。

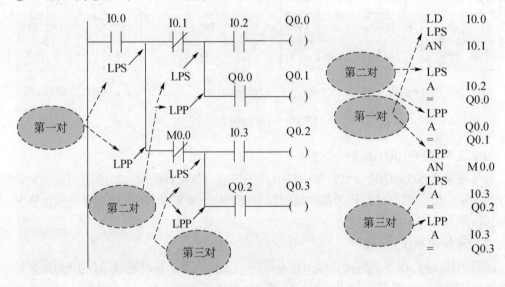

图 3-31　二层堆栈电路

3.2.6　基本逻辑指令的应用举例

（1）两台电动机顺序启动(一)

① 控制要求：按下启动按钮 SB1，第一台电动机启动，松开按钮，第二台电机启动，按下停止按钮 SB2，两台电动机停转。

② 考察侧重点：置位复位指令、脉冲发生指令和逻辑堆栈指令。

③ 案例实现：I/O 分配情况：启动按钮 SB1 为 I0.0，停止按钮 SB2 为 I0.1，接触器 KM1

为 Q0.0，接触器 2 为 Q0.1；程序如图 3-32 所示。

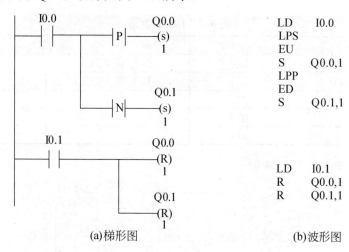

(a)梯形图   (b)波形图

图 3-32   两台电动机顺序启动

　　按下启动按钮 SB1，常开触点 I0.0 闭合产生一个上升沿脉冲，线圈 Q0.0 置位，KM1 接通，第一台电动机启动；松开启动按钮 SB1 产生一个下降沿脉冲，线圈 Q0.1 置位，KM2 接通，第二台电机启动；按下停转按钮 SB2，常开触点 I0.1 闭合，线圈 Q0.0、Q0.1 复位，两台电动机停转；附带指出，两台电动机分时启动，可以缓解电网电压波动，但启动按钮需按下的时间稍长些再松开。

（2）两台电动机顺序启动(二)

　　① 控制要求：按下启动按钮 SB2，电动机 M1 先启动后 M2 才能启动；按下停止按钮 SB1，电动机 M1、M2 同时停止,如图 3-33 所示。

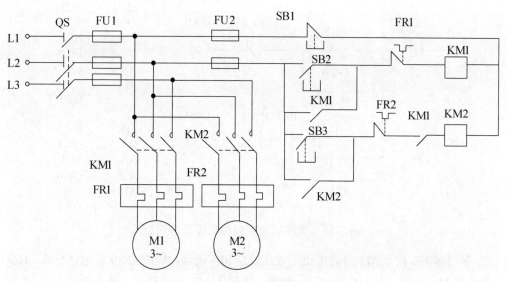

图 3-33   两台电动机顺序启动控制电路

　　② 考察侧重点：逻辑堆栈指令。

③ I/O 分配，如表 3-7 所示。

表 3-7 I/O 分配表

输　　入		输　　出	
停止按钮 SB1	I0.0	接触器 KM1	Q0.0
M1 启动开关 SB2	I0.1	接触器 KM2	Q0.1
M2 启动开关 SB3	I0.2		
热继电器 FR1	I0.3		
热继电器 FR2	I0.4		

④ 外部接线图，如图 3-34 所示。

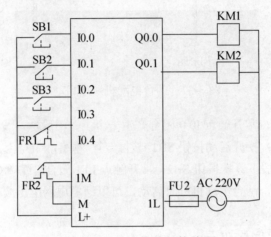

图 3-34　PLC 的外部接线图

⑤ 梯形图与语句表，如图 3-35 所示。

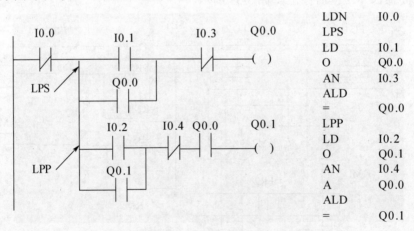

图 3-35　顺序启动控制梯形图及语句表

⑥ 案例解析：按下 M1 启动按钮，常开触点 I0.1 闭合，线圈 Q0.0 得电并自锁，KM1 接通，电动机 M1 启动；在 M1 启动的前提下，再按下 M2 启动按钮，常开触点 I0.2 闭合，线圈 Q0.1 得电并自锁，KM2 接通，电动机 M2 启动。

（3）电动机星三角减压启动

① 控制要求：按下启动按钮 SB2，接触器 KM1、KM3 接通，电动机星(Y)接进行减压

启动；过一段时间后，时间继电器动作，接触器 KM1 断开 KM2 接通，电动机进入角(△)接状态，如图 3-36 所示。

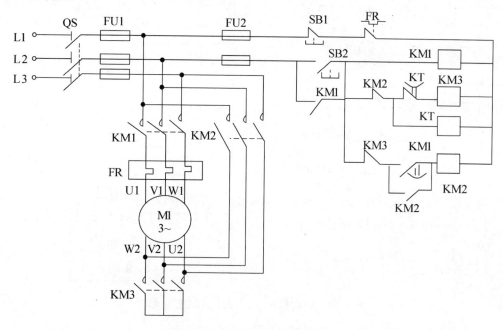

图 3-36   电动机星三角减压启动

② 考察侧重点：启保停电路和触发器指令。

③ I/O 分配。

输入：停止按钮 SB1：I0.0;   启动按钮 SB2：I0.1;
　　　过载保护 FR：I0.2;

输出：KM1：Q0.0;   角接 KM2：Q0.1;
　　　星接 KM3：Q0.2;

④ 外部接线图，如图 3-37 所示。

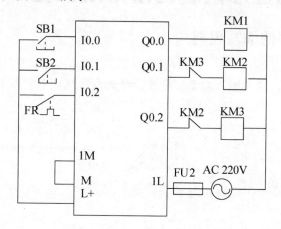

图 3-37   PLC 的外部接线图

⑤ 梯形图，如图 3-38 所示。

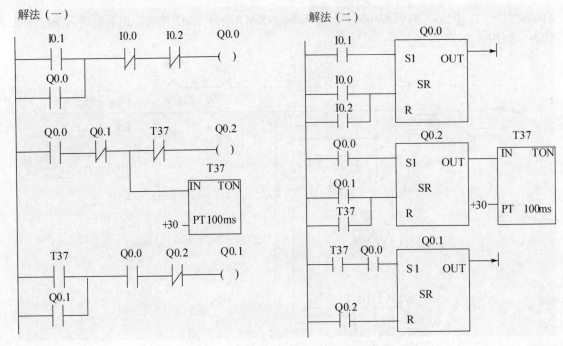

图 3-38　电动机星三角减压启动的梯形图

⑥ 案例解析：解法(一)中，按下启动按钮 SB2，常开触点 I0.1 闭合，线圈 Q0.0 得电且对应的常开触点闭合，因此线圈 Q0.2 得电且定时器 T37 开始定时，定时时间到，线圈 Q0.2 断开 Q0.1 得电并自锁，Q0.1 对应的常闭触点断开，定时器停止定时；当软线圈 Q0.0，Q0.2 闭合时，接触器 KM1、KM3 接通，电动机为星接；当软线圈 Q0.0，Q0.1 闭合时，接触器 KM1、KM2 接通，电动机为角接。

解法(二)中，只需将启动条件放在置位端(S 端)，复位条件放在复位端(R 端)即可，在解法(一)的基础上，解法(二)的程序编制就显得不难了。

3.3　梯形图程序的编写规则及优化

3.3.1　梯形图程序的编写规则

① 梯形图要按从上到下、从左到右的顺序编写，这与程序的扫描顺序一致。

② 在每个网络中，梯形图都起于左母线，经触点，终止于软继电器线圈或右母线，如图 3-39 所示。

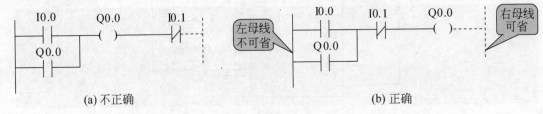

(a) 不正确　　　　　　　　　　　　　　(b) 正确

图 3-39　触点、线圈和母线的排布情况

③ 线圈不能与左母线直接相连；如果线圈动作需要无条件执行时，可借助未用过元件

的常闭触点或特殊标志位存储器 SM0.0 的常开触点，使左母线与线圈隔开，如图 3-40 所示。

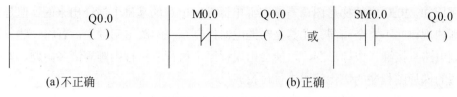

(a)不正确　　　　　　　　　　　　　(b)正确

图 3-40　线圈与左母线直接相连的处理方案

④ 同一编号的输出线圈在同一程序中不能使用两次，否则会出现双线圈问题；双线圈问题即同一编号的输出线圈在同一程序中使用两次或多次，双线圈输出很容易引起误动作，应尽量避免，如图 3-41 所示。

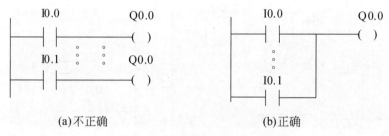

(a)不正确　　　　　　　　　　　　　(b)正确

图 3-41　双线圈问题的处理方案

⑤ 不同编号的线圈可以并行输出，如图 3-42 所示。

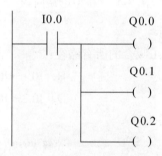

图 3-42　并行输出问题

⑥ 触点应水平放置，不能垂直放置，如图 3-43 所示；注：解决方案的具体步骤将在梯形图程序的优化中进行讲解。

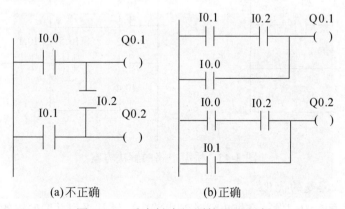

(a)不正确　　　　　　　　　　　　　(b)正确

图 3-43　垂直触点问题的处理方案

3.3.2 梯形图程序的优化

众所周知，PLC 中的梯形图语言是在继电器控制电路的基础上演绎出来的，但是二者的设计原则和规律并不完全相同。尤其是在继电器控制系统的改造问题上，若将一些复杂的继电器控制电路直接翻译成梯形图，可能会出现程序不执行或执行困难等诸多问题，本书将就一些典型的梯形图程序的优化问题进行讨论。

（1）桥型电路问题的优化

① 桥型电路的存在问题：在继电器控制电路中，为了节省触点，常常需要对电路进行桥型连接。若将桥型电路直接翻译成梯形图，这就违背了"触点不能垂直放置"的原则，如图 3-44 所示。

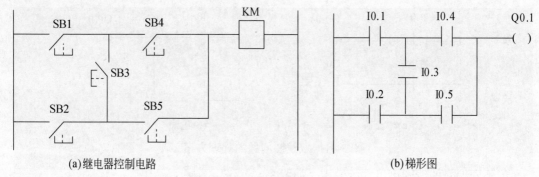

(a)继电器控制电路　　　　　　　　　　　　　　(b)梯形图

图 3-44　桥型电路问题

② 解决方案，如图 3-45 所示。

a. 在图 3-44 中，找出使 Q0.1 吸合的所有路径：

　　A. I0.1→I0.4→Q0.1；　　　　　　B. I0.1→I0.3→I0.5→Q0.1；

　　C. I0.2→I0.5→Q0.1；　　　　　　D. I0.2→I0.3→I0.4→Q0.1；

b. 将各个路径的梯形图并联即可。

解决方案(一)　　　　　　　　　　　　　　　解决方案(二)

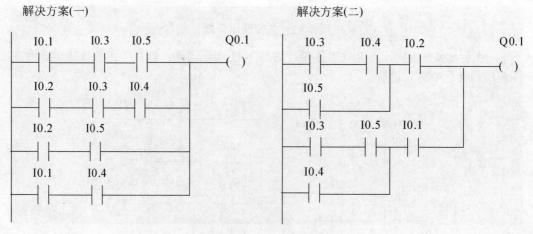

图 3-45　桥型电路的解决方案

（2）逻辑堆栈问题的优化

① 逻辑堆栈存在的问题：在继电器控制电路中，经常采用并联输出的模式。若将继电

器控制电路直接翻译成梯形图，PLC 在处理程序时必然要用到逻辑堆栈指令。在实际使用中，逻辑堆栈指令存在着两方面的缺点：a．占用的程序存储器容量较大；b．当梯形图转化为指令表时，可读性不高，如图 3-46 所示。

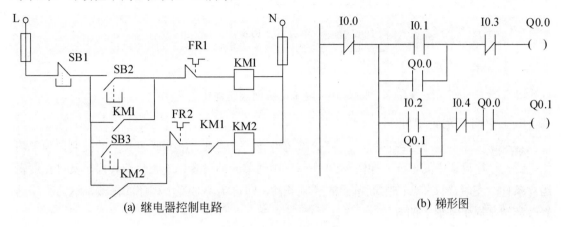

(a) 继电器控制电路　　　　　　　　　　　(b) 梯形图

图 3-46　逻辑堆栈问题

② 解决方案，如图 3-47 所示，将公共触点分配到各个支路。

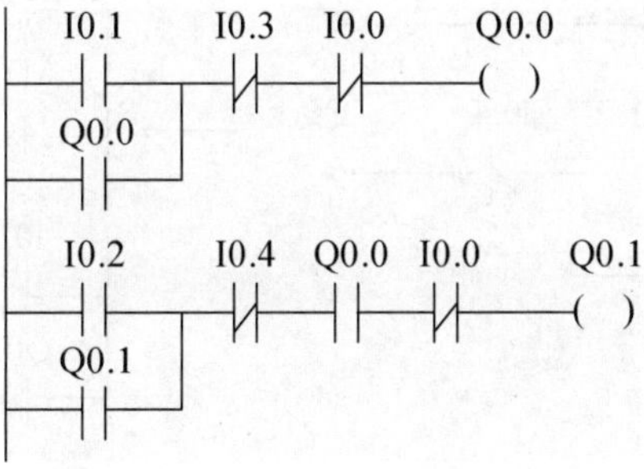

图 3-47　堆栈指令问题的优化

（3）复杂电路问题的优化

① 复杂电路存在的问题：在一些复杂的梯形图中，逻辑关系不是很明显，用 ALD、OLD 指令难以描绘彼此之间的关系，如图 3-48 所示。

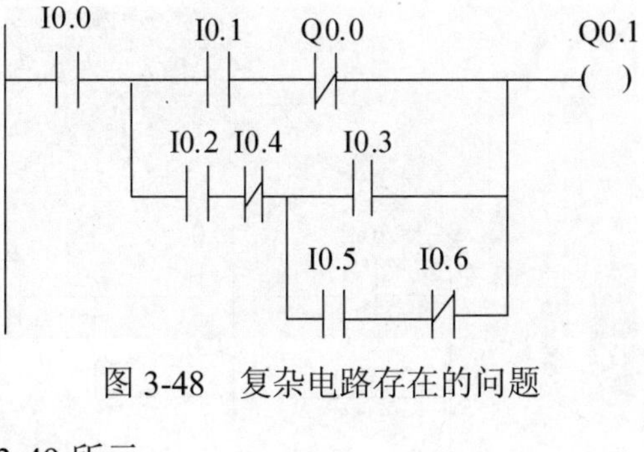

图 3-48　复杂电路存在的问题

② 解决方案，如图 3-49 所示。

和解决桥型电路的问题一样：a．找出使 Q0.1 吸合的所有路径；b．将各个路径的梯形图并联即可。

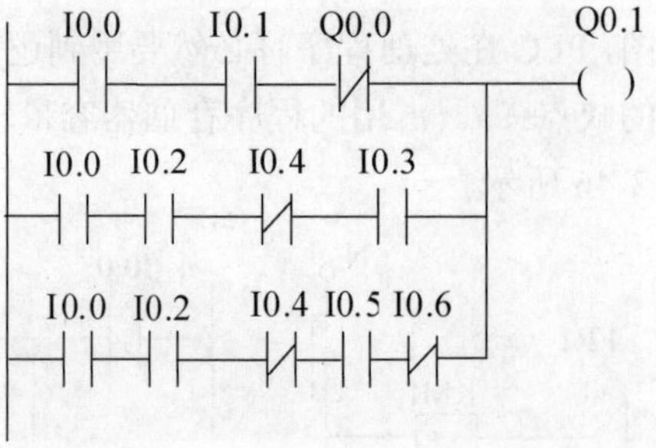

图 3-49　复杂电路问题的优化

（4）中间单元的巧用

在梯形图中，若多个线圈受某一逻辑单元组合（即触点的串并联组合）的控制，为了简化电路，往往设置中间单元，如图 3-50 所示。中间单元的设置，既可化简程序，又可在逻辑运算条件改变时，只需修改中间单元的控制条件，即可实现对整个程序的修改，这为程序的修改和调试提供了很大的方便。

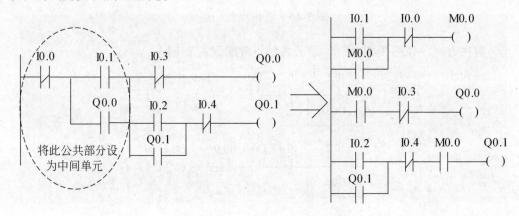

图 3-50　中间单元的巧用

3.3.3　梯形图程序的编写技巧

◆ 写输入时：要左重右轻，上重下轻，如图 3-51 所示。

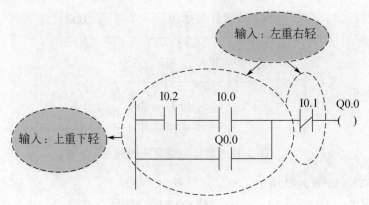

图 3-51　梯形图的书写技巧

◆ 写输出时：要上轻下重，如图 3-52 所示。

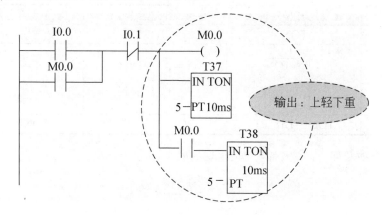

图 3-52　梯形图的书写规律

附带指出，在 PLC 控制系统的设计时，既要考虑硬件设计又要考虑软件设计，单纯的偏重某一方面，整个控制功能无法实现，上面我们讲解的主要是软件设计的技巧和注意事项，硬件也应注意以下几个方面。

（1）输入输出电路需要选择合适的电源

输入电路中的各元件(传感器、光电开关和按钮等)需要 24V 直流电源，可由 PLC 本身提供，也可外接 24V 直流电；输出电路视其负载的性质，从而确定 PLC 输出接口模块类型(继电器输出型、双向晶闸管输出型和晶体管输出型)，进而判断输出电源的性质和电压，通常情况下，输出电源为 220VAC 或 24VDC。

（2）需要设立外部互锁电路

如三相异步电动机的正反转控制电路，既要在软件上设置互锁，又要在硬件上设置互锁，其目的是防止两个接触器同时动作，从而造成三相电源短路。

（3）尽量减少输入输出点数

输入输出点(即 I/O 点数)的多少直接影响着 PLC 的价格，输入输出点数越多，PLC 的价格越高，因此减少输入输出点数可以预示着降低了成本；此外剩余的点数还可以实现对其他设备的控制。

3.4　定时器指令

3.4.1　定时器指令的介绍

定时器是 PLC 中最常用的编程元件之一，其功能与继电器控制系统中的时间继电器相同，起到延时作用。与时间继电器不同的是定时器有无数对常开常闭触点供用户编程使用。其结构主要由一个 16 位当前值寄存器(用来存储当前值)、一个 16 位预置值寄存器(用来存储预置值)和一位状态位(反映其触点的状态)组成。在 S7-200PLC 中，按工作方式的不同，可以将定时器分为 3 大类，它们分别为通电延时型定时器，断电延时型定时器和保持型通电延时定时器。定时器指令的具体格式如表 3-8 所示。

表 3-8　定时器的指令格式

名称	通电延时型定时器	断电延时型定时器	保持型通电延时定时器
定时器类型	TON	TOF	TONR
梯形图	Tn —│IN TON│ —│PT │	Tn —│IN TOF│ —│PT │	Tn —│IN TONR│ —│PT │
语句表	TON　Tn，PT	TOF　Tn，PT	TONR　Tn，PT

定时器指令涉及如下几个概念，如图 3-53 所示。

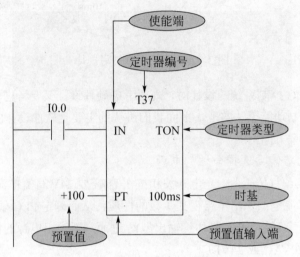

图 3-53　图说定时器

① 定时器编号 Tn：定时器的编号范围为 T0～T255，其中 n 为常数，如 T37 等。

② 使能端 IN：使能端控制着定时器的能流，当使能端输入有效时，也就是说使能端有能流流过时，定时器输出状态为 1(定时器输出状态为 1 可以近似理解为定时器线圈吸合)，当使能端输入无效时，也就是说使能端无能流流过时，定时器输出状态为 0。

③ 预置值输入端 PT：在编程时，根据时间设定需要在预置值输入端输入相应的预置值，预置值为 16 位有符号整数，允许设定的最大值为 32767，其操作数为 VW、IW、QW、SW、SMW、LW、AIW、T、C、AC、常数等。

④ 时基：时基又称分辨率，S7-200PLC 中，相应的时基有 3 种，它们分别为 1ms、10ms 和 100ms，不同的时基，对应的最大定时范围、编号和定时器刷新方式不同，如表 3-9 所示。

表 3-9　定时器类型、时基和编号

定时器类型	时基	最大定时范围	定时器编号
TONR	1ms	32.767s	T0 和 T64
	10ms	327.67s	T1～T4 和 T65～T68
	100ms	3276.7s	T5～T31 和 T69～T95
TON/TOF	1ms	32.767s	T32 和 T96
	10ms	327.67s	T33～T36 和 T97～T100
	100ms	3276.7s	T37～T63 和 T101～T255

⑤ 当前值：定时器当前所累计的时间称为当前值，当前值为 16 位有符号整数，最大计数值为 32767。

⑥ 定时时间计算公式：

$$T=PT\times S$$

式中　T——定时时间；

　　PT——预置值；

　　S——时基。

图 3-53 中 T37 的定时时间 $T=100\times100\text{ms}=10000\text{ms}$，即 10s。

3.4.2　定时器指令的工作原理

（1）通电延时型定时器(TON)指令的工作原理

① 工作原理：当使能端输入(IN)有效时，定时器开始计时，当前值从 0 开始递增，当当前值大于或等于预置值时，定时器输出状态为 1(定时器输出状态为 1 可以近似理解为定时器线圈吸合)，相应的常开触点闭合常闭触点断开；到达预置值后，当前值继续增大，直到最大值 32767，在此期间定时器输出状态仍然为 1，直到使能端无效时，定时器才复位，当前值被清零，此时输出状态为 0。

② 应用举例：如图 3-54 所示。

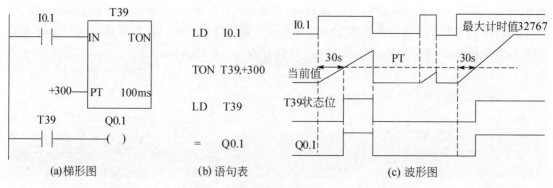

图 3-54　通电延时定时器应用举例

当 I0.1 接通时，使能端(IN)输入有效，定时器 T39 开始计时，当前值从 0 开始递增，当当前值等于预置值 300 时，定时器输出状态为 1，定时器对应的常开触点 T39 闭合，驱动线圈 Q0.1 吸合；当 I0.1 断开时，使能端(IN)输出无效，T39 复位，当前值清 0，输出状态为 0，定时器常开触点 T39 断开，线圈 Q0.1 断开；若使能端接通时间小于预置值，定时器 T39 立即复位，线圈 Q0.1 也不会有输出；若使能端输出有效，计时到达预置值以后，当前值仍然增加，直到 32767，在此期间定时器 T39 输出状态仍为 1，线圈 Q0.1 仍处于吸合状态。

（2）断电延时型定时器(TOF)指令的工作原理

① 工作原理：当使能端输入(IN)有效时，定时器输出状态为 1，当前值复位；当使能端(IN)断开时，当前值从 0 开始递增，当当前值等于预置值时，定时器复位并停止计时，当前值保持。

② 应用举例：如图 3-55 所示。

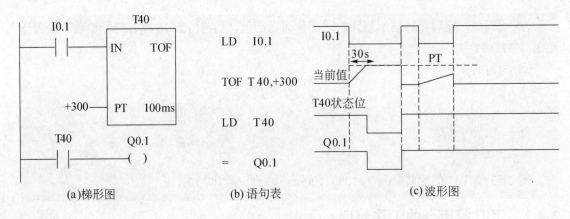

| (a)梯形图 | (b)语句表 | (c)波形图 |

图 3-55　断电延时定时器应用举例

当 I0.1 接通时，使能端(IN)输入有效，当前值为 0，定时器 T40 输出状态为 1，驱动线圈 Q0.1 有输出；当 I0.1 断开时，使能端输入无效，当前值从 0 开始递增，当当前值到达预置值时，定时器 T40 复位为 0，线圈 Q0.1 也无输出，但当前值保持；当 I0.1 再次接通，当前值仍为 0；若 I0.1 断开的时间小于预置值，定时器 T40 仍处于置 1 状态。

（3）保持型通电延时定时器(TONR)指令工作原理

① 工作原理：当使能端(IN)输入有效时，定时器开始计时，当前值从 0 开始递增，当当前值到达预置值时，定时器输出状态为 1；当使能端(IN)无效时，当前值处于保持状态，但当使能端再次有效时，当前值在原来保持值的基础上继续递增计时；保持型通电延时定时器采用线圈复位指令(R)进行复位操作，当复位线圈有效时，定时器当前值被清 0，定时器输出状态为 0。

② 应用举例：如图 3-56 所示。

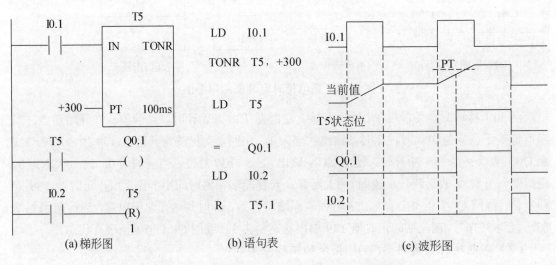

| (a)梯形图 | (b)语句表 | (c)波形图 |

图 3-56　保持型通电延时定时器应用举例

当 I0.1 接通时，使能端（IN）有效，定时器开始计时；当 I0.1 断开时，使能端无效，但当前值仍然保持并不复位，当使能端再次有效时，其当前值在原来的基础上开始递增，当前值大于等于预置值时，定时器 T5 状态位置 1，线圈 Q0.1 有输出，此后即使是使能端无效时，定时器 T5 状态位仍然为 1，直到 I0.2 闭合，线圈复位(T5)指令进行复位操作时，定时器 T5 状态位才被清 0，定时器 T5 常开触点断开，线圈 Q0.1 断电。

（4）使用说明

① 通电延时型定时器，符合通常的编程习惯，与其他两种定时器相比，在实际编程中通电延时型定时器应用最多；

② 通电延时型定时器适用于单一间隔定时；断电延时型定时器适用于故障发生后的时间延时；保持型通电延时定时器适用于累计时间间隔定时；

③ 通电延时型(TON)定时器和断电延时型(TOF)定时器共用同一组编号(见表 3-9)，因此同一编号的定时器不能既作通电延时型(TON)定时器使用，又作断电延时型(TOF)定时器使用；例如：不能既有通电延时型(TON)定时器 T37，又有断电延时型(TOF)定时器 T37；

④ 可以用复位指令对定时器进行复位，且保持型通电延时定时器只能用复位指令对其进行复位操作；

⑤ 不同时基的定时器它们当前值的刷新周期是不同的。

◆ 1ms 定时器每个 1ms 刷新一次，与扫描周期和程序处理无关，即采用中断刷新方式；当扫描周期较长时，定时器一个周期被多次刷新，其当前值在一个周期内多次改变，因此 1ms 定时器在使用本身常闭触点作定时器使能输入时，易发生错误，如图 3-57 所示。

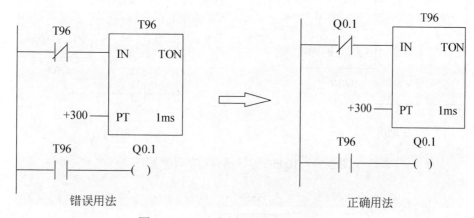

图 3-57　1ms 定时器使用的注意事项

◆ 10ms 定时器在每个扫描周期开始时自动刷新。由于每个扫描周期只刷新一次，所以在每次程序处理期间，其当前值为常数。需要指出，10ms 定时器在使用本身常闭触点作定时器使能输入时，易发生错误，如图 3-58 所示。

◆ 100ms 定时器在定时器指令执行时刷新，下一条执行指令即可使用刷新后的结果；需要指出，100ms 定时器在使用本身常闭触点作定时器使能输入时，不会发生错误，如图 3-59 所示。

3.4.3　定时器指令的应用举例

（1）延时断开电路

① 控制要求：当输入信号有效时，立即有输出信号；而当输入信号无效时，输出信号要延时一段时间后再停止。

② 解决方案：

解法(一)：如图 3-60 所示。

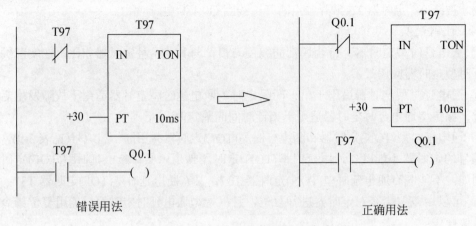

图 3-58　10ms 定时器使用的注意事项

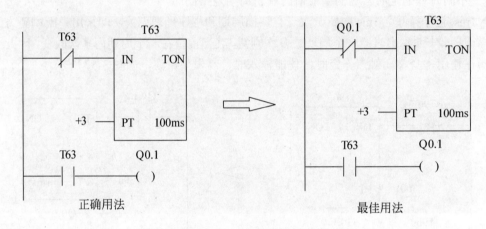

图 3-59　100ms 定时器使用的注意事项

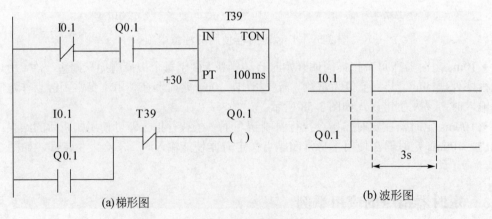

图 3-60　延时断开电路解决方案（一）

　　当按下启动按钮，I0.1 接通，Q0.1 立即有输出并自锁，当按下启动按钮松开后，定时器 T39 开始定时，延时 3s 后，Q0.1 断开，且 T39 复位。

解法(二)：如图 3-61 所示。

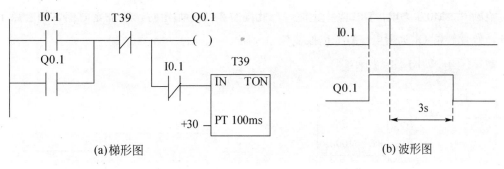

(a)梯形图　　　　　　　　　　　　　　(b)波形图

图 3-61　延时断开电路解决方案（二）

延时断开电路解决方案(二)梯形图的工作原理与解决方案(一)梯形图的工作原理相同，只不过是梯形图的结构有差异。

（2）延时接通/断开电路

① 控制要求：当输入信号有效，延时一段时间后输出信号才接通；当输入信号无效，延时一段时间后输出信号才断开。

② 解决方案：

解法(一)：如图 3-62 所示。

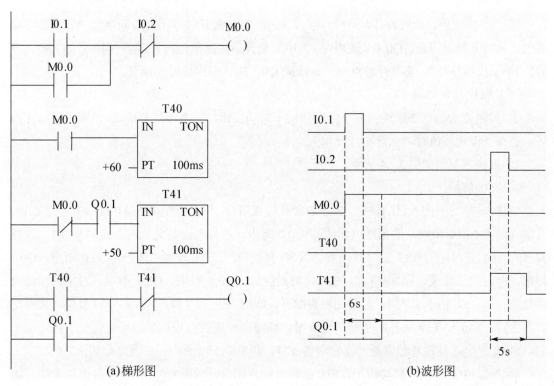

(a)梯形图　　　　　　　　　　　　　　(b)波形图

图 3-62　延时接通/断开电路解决方案（一）

当按下启动按钮，I0.1 接通，线圈 M0.0 得电并自锁，其常开触点 M0.0 闭合，定时器

T40 开始定时, 6s 后定时器常开触点 T40 闭合, 线圈 Q0.1 接通; 当按下停止按钮, I0.2 的常闭触点断开, M0.0 失电, T40 停止定时, 与此同时 T41 开始定时, 5s 后定时器常闭触点 T41 断开, 致使线圈 Q0.1 断电, T41 也被复位。

解法(二): 如图 3-63 所示。

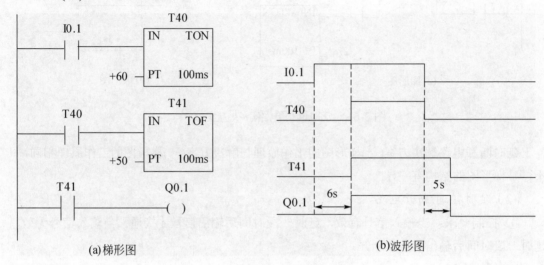

(a)梯形图　　　　　　　　　　　(b)波形图

图 3-63　延时接通/断开电路解决方案（二）

当 I0.1 接通后, 定时器 T40 开始计时, 6s 后 T40 常开触点闭合, 断电延时定时器 T41 通电, 其常开触点闭合, Q0.1 有输出; 当 I0.1 断开后, 断电延时定时器 T41 开始定时, 5s 后, T41 定时时间到, 其常开触点断开, 线圈 Q0.1 的状态由接通到断开。

（3）顺序控制电路

① 控制要求: 有红绿黄三盏小灯, 当按下启动按钮, 三盏小灯每隔 2s 轮流点亮, 并循环; 当按下停止按钮时, 三盏小灯都熄灭。

② 解决方案: 如图 3-64 所示。

③ 案例解析:

解法(一)中, 当按下启动按钮, I0.0 的常开触点闭合, 辅助继电器 M0.0 线圈得电并自锁, 其常开触点 M0.0 闭合, 输出继电器线圈 Q0.0 得电, 红灯亮; 与此同时, 定时器 T37、T38 和 T39 开始定时, 当 T37 定时时间到, 其常闭触点断开、常开触点闭合, Q0.0 断电、Q0.1 得电, 对应的红灯灭、绿灯亮; 当 T38 定时时间到, Q0.1 断电、Q0.2 得电, 对应的绿灯灭黄灯亮; 当 T39 定时时间到, 其常闭触点断开, Q0.2 失电且 T37、T38 和 T39 复位, 接着定时器 T37、T38 和 T39 又开始新的一轮计时, 红绿黄等依次点亮往复循环; 当按下停止按钮时, M0.0 失电, 其常开触点断开, 定时器 T37、T38 和 T39 断电, 三盏灯全熄灭。

解法(二)中, 当按下启动按钮, I0.0 的常开触点闭合, 线圈 Q0.0 得电并自锁且 T37 开始定时, 2s 后定时时间到, T37 常开触点闭合, Q0.1 得电且 T38 定时, Q0.1 常闭触点断开, Q0.0 失电; 2s 后 T38 定时时间到, Q0.2 得电并自锁且 T39 定时, Q0.2 常闭触点断开, Q0.1

失电；2s 后 T39 定时时间到，Q0.0 得电并自锁且 T37 定时，Q0.0 常闭触点断开，Q0.2 失电；T37 再次定时，重复上面的动作。当按下停止按钮时，Q0.0、Q0.1 和 Q0.2 断电。

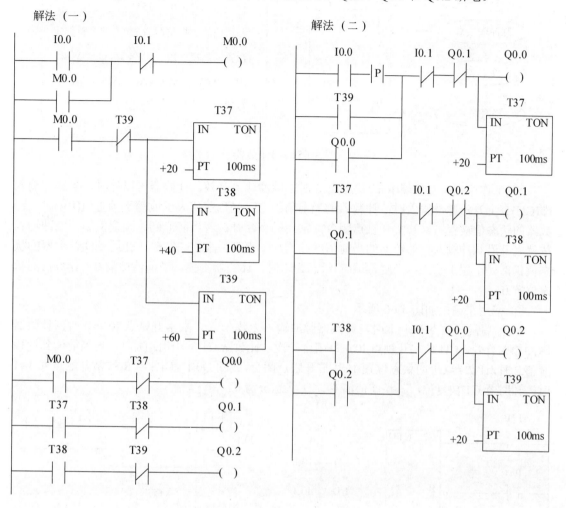

图 3-64　顺序控制电路的梯形图

3.5　计数器指令

计数器是一种用来累计输入脉冲个数的编程元件，在实际应用中用来对产品进行计数或完成复杂的逻辑控制任务。其结构主要由一个 16 位当前值寄存器、一个 16 位预置值寄存器和一位状态位组成。在 S7-200PLC 中按工作方式的不同，可将计数器分为三大类：加计数器、减计数器和加减计数器。

3.5.1　加计数器(CTU)

① 加计数器，如图 3-65 所示。

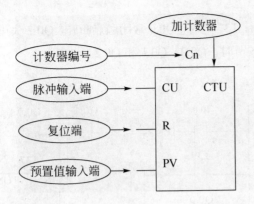

语句表：CTU Cn，PV；

计数器编号：C0～C255；

预置值的数据类型：16位有符号整数；

预置值的操作数：VW、T、C、IW、

QW、MW、SMW、AC、AIW、常数；

预置值允许最大值为32767。

图 3-65 加计数器

② 工作原理：复位端(R)的状态为 0 时，脉冲输入有效，计数器可以计时，当脉冲输入端(CU)有上升沿脉冲输入时，计数器的当前值加 1，当当前值大于或等于预置值(PV)时，计数器的状态位被置 1，其常开触点闭合，常闭触点断开；若当前值到达预置值后，脉冲输入依然上升沿脉冲输入，计数器的当前值继续增加，直到最大值 32767，在此期间计数器的状态位仍然处于置 1 状态；当复位端(R)状态为 1 时，计数器复位，当前值被清 0，计数器的状态位置 0。

③ 应用举例：如图 3-66 所示。

当 R 端常开触点 I0.1=1 时，计数器脉冲输入无效；当 R 端常开触点 I0.1=0 时，计数器脉冲输入有效，CU 端常开触点 I0.0 每闭合一次，计数器 C1 的当前值加 1，当当前值到达预置值 2 时，计数器 C1 的状态位置 1，其常开触点闭合，线圈 Q0.1 得电；当 R 端常开触点 I0.1=1 时，计时器 C1 被复位，其当前值清 0，C1 状态位清 0。

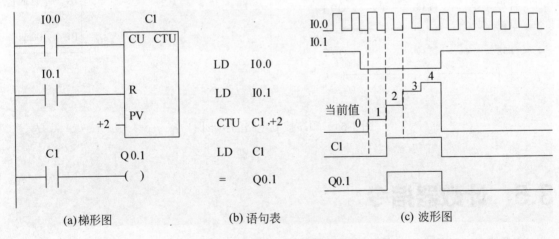

(a)梯形图　　　　　　(b) 语句表　　　　　　(c) 波形图

图 3-66 加计数器应用举例

3.5.2　减计数器（CTD）

① 减计数器，如图 3-67 所示。

② 工作原理：当装载端 LD 的状态为 1 时，计数器被复位，计数器的状态位为 0，预置值被装载到当前值寄存器中；当装载端 LD 的状态为 0 时，脉冲输入端有效，计数器可以计数，当脉冲输入端（CD）有上升沿脉冲输入时，计数器的当前值从预置值开始递减计数，当

当前值减至为 0 时，计数器停止计数，其状态位为 1。

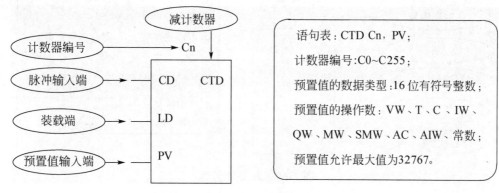

图 3-67　减计数器

③ 应用举例：如图 3-68 所示。

当 LD 端常开触点 I0.1 闭合时，减计数器 C2 被置 0，线圈 Q0.1 失电，其预置值被装载到 C2 当前值寄存器中；当 LD 端常开触点 I0.1 断开时，计数器脉冲输入有效，CD 端 I0.0 常开触点每闭合一次，其当前值就减 1，当当前值减为 0 时，减计数器 C2 的状态位被置 1，其常开触点闭合，线圈 Q0.1 得电。

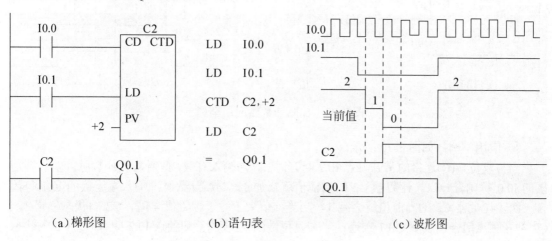

（a）梯形图　　　　　　　　（b）语句表　　　　　　　（c）波形图

图 3-68　减计数器应用举例

3.5.3　加减计数器(CTUD)

① 加减计数器，如图 3-69 所示。

② 工作原理：当复位端(R)状态为 0 时，计数脉冲输入有效，当加计数输入端（CU）有上升沿脉冲输入时，计数器的当前值加 1，当减计数输入端（CD）有上升沿脉冲输入时，计数器的当前值减 1，当计数器的当前值大于等于预置值时，计数器状态位被置 1，其常开触点闭合、常闭触点断开；当复位端(R)状态为 1，计数器被复位，当前值被清 0；加减计数器当前值范围：−32768～32767，若加减计数器当前值为最大值 32767，CU 端在输入一个上升沿脉冲，其当前值立刻跳变为最小值−32768；若加减计数器当前值为最小值−32768，CD 端在输入一个上升沿脉冲，其当前值立刻跳变为最大值 32767。

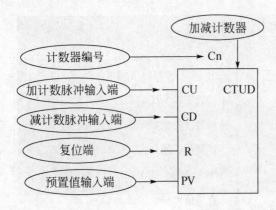

| 语句表：CUTD Cn，PV； |
| 计数器编号：C0~C255； |
| 预置值的类型：16 位有符号整数； |
| 预置值的操作数：VW、T、C、IW、 |
| QW、MW、SMW、AC、AIW、常数； |
| 预置值允许最大值 32767； |
| 当前值范围：−32768~32767 。 |

图 3-69　加减计数器

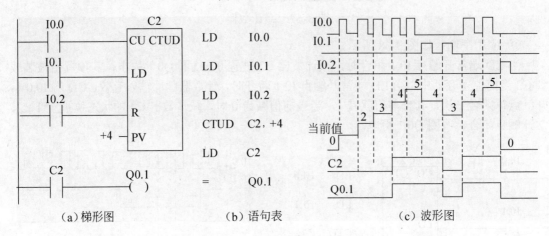

（a）梯形图　　　　　（b）语句表　　　　　（c）波形图

图 3-70　加减计数器应用举例

③ 应用举例：如图 3-70 所示。

当与复位端(R)连接的常开触点 I0.2 断开时，脉冲输入有效，此时与加计数脉冲输入端连接的 I0.0 每闭合一次，计数器 C2 的当前值就会加 1，与减计数脉冲输入端连接的 I0.1 每闭合一次，计数器 C2 的当前值就会减 1，当当前值大于等于预置值 4 时，C2 的状态位置 1，C2 常开触点闭合，线圈 Q0.1 接通；当与复位端(R)连接的常开触点 I0.2 闭合时，C2 的状态位置 0，其当前值清 0，线圈 Q0.1 断开。

3.5.4　计数器指令的应用举例

例 1：用一个按钮控制一盏灯，当按钮按 4 次时灯点亮，再按 2 次时灯熄灭。

① I/O 分配：启动按钮为 I0.1，灯为 Q0.1。

② 程序编制：如图 3-71 所示。

例 2：产品数量检测控制，如图 3-72 所示。

① 控制要求：传送带传输工件，用传感器检测通过的产品的数量，每凑够 12 个产品机械手动作一次，机械手动作后延时 3s，将机械手电磁铁切断。

② I/O 分配：

传送带启动开关：I0.1；

传送带停止开关：I0.2；

传感器：I0.3；

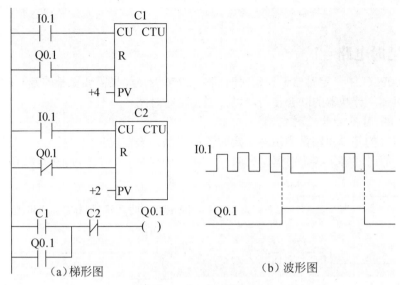

(a) 梯形图　　　　　　　(b) 波形图

图 3-71　灯的控制程序

传送带电机：Q0.1

机械手：Q0.2。

③ 程序编制：如图 3-73 所示。

按下启动按钮 I0.1 得电，线圈 Q0.1 得电并自锁，KM1 吸合，传送带电机运转；随着传送带的运动，传感器每检测到一个产品都会给 C2 脉冲，当脉冲数为 12 时，C2 状态为置

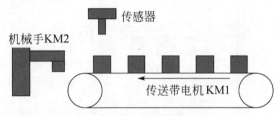

图 3-72　产品数量检测控制

1，其常开触点闭合，Q0.2 得电，机械手将货物抓走，于此同时 T38 定时，3s 后 Q0.2 断开，机械手断电复位。

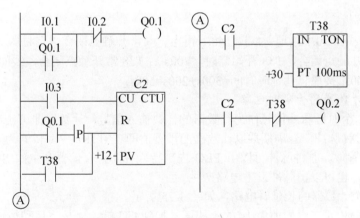

图 3-73　产品数量检测控制程序

3.6　定时器与计数器典型应用

实际的 PLC 程序往往是某些典型电路的扩展与叠加，因此掌握一些典型电路对大型复杂程序的编写非常有利。鉴于定时器和计数器是应用较多的编程元件，本节将就其典型应用给

予例说。

3.6.1 长延时电路

在 S7-200PLC 中，定时器最长延时时间为 3276.7s，如果需要更长的延时时间，则应该考虑多个定时器、计数器的联合使用，以扩展其延时时间。

（1）应用定时器的长延时电路

该解决方案的基本思路是利用多个定时器的串联，来实现长延时控制。定时器串联使用时，其总的定时时间等于各定时器定时时间之和即 T=T1+T2，具体如图 3-74 所示。

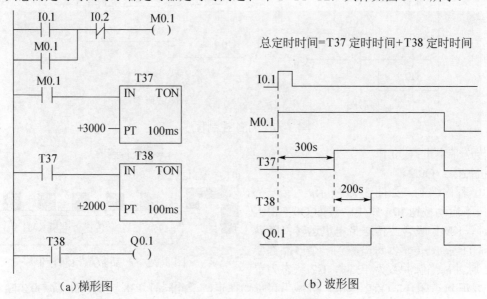

（a）梯形图   （b）波形图

图 3-74   应用定时器的长延时电路

工作过程解析：

按下启动按钮，I0.1 接通，线圈 M0.1 得电，其常开触点闭合，定时器 T37 开始定时，300s 后 T37 常开触点闭合，T38 开始定时，200s 后 T38 常开触点闭合，线圈 Q0.1 有输出。I0.1 从接通到 Q0.1 接通总共延时时间=300s+200s=500s；

（2）应用计数器的长延时电路

只要提供一个时钟脉冲信号作为计数器的计数输入信号，计数器即可实现定时功能。其定时时间等于时钟脉冲信号周期乘以计数器的预置值即 T=T1Kc，其中 T 为时钟脉冲周期，Kc 为计数器预置值，时钟脉冲可以由 PLC 内部特殊标志位存储器产生如 SM0.4(分脉冲)、SM0.5(秒脉冲)，也可以由脉冲发生电路产生。

◆ 含有一个计数器的长延时电路，如图 3-75 所示。

本程序将 SM0.5 产生周期为 1s 的脉冲信号加到 CU 端，当按下启动按钮 I0.1 闭合，线圈 M0.1 得电并自锁，其常开触点闭合，当 C1 累计到 500 个脉冲后，C1 常开触点动作，线圈 Q0.1 接通；I0.1 从闭合到 Q0.1 动作共计延时 500×1s=500s；

◆ 含有多个计数器的长延时电路，如图 3-76 所示。

本程序采用两级计时器串联实现长延时控制，其中 SM0.5 与计数器 C1 构成一个 50s 的定时器，计数器 C1 的复位端并联了 C1 的一个常开触点，因此当计数到达预置值 50 时，C1 复位一次再重新计数，C1 每计数到一次，C1 都会给 C2 一个脉冲，当 C2 脉冲计到 10 后，C2 状态位得电 Q0.1 有输出。从 I0.1 接通到 Q0.1 有输出总共延时时间为(50×1×10)s=500s。

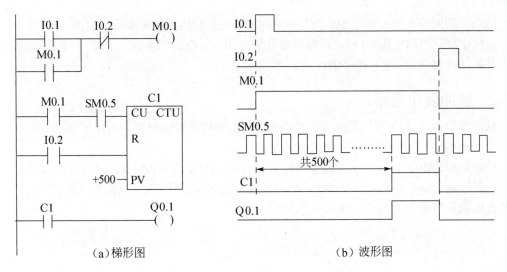

（a）梯形图　　　　　　　　　　（b）波形图

图 3-75　含单个计数器的长延时电路

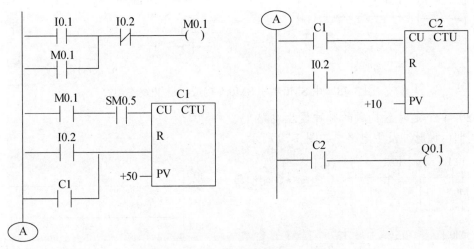

图 3-76　含多个计数器的长延时电路

（3）应用定时器和计数器组合的长延时电路

该解决方案的基本思路是将定时器和计数器连接，来实现长延时，其本质是形成一等效倍乘定时器，具体如图 3-77 所示。

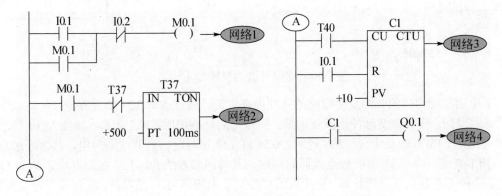

图 3-77　应用定时器和计数器组合的长延时电路

网络1和网络2形成一个50s自复位定时器，该定时器每50s接通一次，都会给C1一个脉冲，当计数到达预置值10时，计数器常开触点闭合，Q0.1有输出。从I0.1接通到Q0.1有输出总共延时时间为50s×10=500s。

3.6.2 脉冲发生电路

脉冲发生电路是应用广泛的一种控制电路，它的构成形式很多，具体如下：

（1）由SM0.4和SM0.5构成的脉冲发生电路

SM0.4和SM0.5构成的脉冲发生电路最为简单，SM0.4和SM0.5是最为常用的特殊内部标志位存储器，SM0.4为分脉冲，在一个周期内接通30s断开30s，SM0.5为秒脉冲，在一个周期内接通0.5s断开0.5s；具体如图3-78所示。

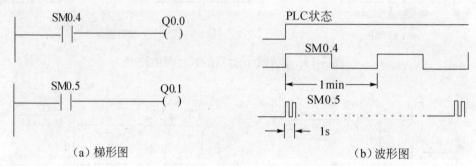

(a) 梯形图　　　　　　　　(b) 波形图

图3-78　由SM0.4和SM0.5构成的脉冲发生电路

（2）单个定时器构成的脉冲发生电路

周期可调脉冲发生电路，如图3-79所示。

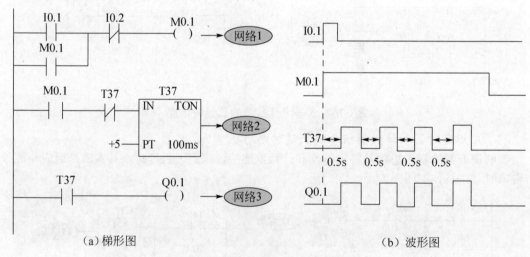

(a) 梯形图　　　　　　　　(b) 波形图

图3-79　周期可调的脉冲发生电路

单个定时器构成的脉冲发生电路的脉冲周期可调，通过改变T37的预置值，从而改变脉冲的延时时间，进而改变脉冲的发生周期。当按下启动按钮时，I0.1闭合，线圈M0.1接通并自锁，M0.1的常开触点闭合，T37计时，0.5s后T37定时时间到其线圈得电，其常开触点闭合，Q0.1接通，当T37常开触点接通的同时，其常闭触点断开，T37线圈断电，从而Q0.1失电，接着T37在从0开始计时，如此周而复始会产生间隔为1s的脉冲，直到按下停止按钮，才停止脉冲发生。

（3）多个定时器构成的脉冲发生电路

◆ 方案(一)，如图3-80所示。

当按下启动按钮时，I0.1闭合，线圈M0.1接通并自锁，M0.1的常开触点闭合，T37计时，2s后T37定时时间到其线圈得电，其常开触点闭合，Q0.1接通，与此同时T38定时，3s后定时时间到，T38线圈得电，其常闭触点断开，T37断电其常开触点断开，Q0.1和T38线圈断电，T38的常闭触点复位，T37又开始定时，如此反复，会发出一个个脉冲。

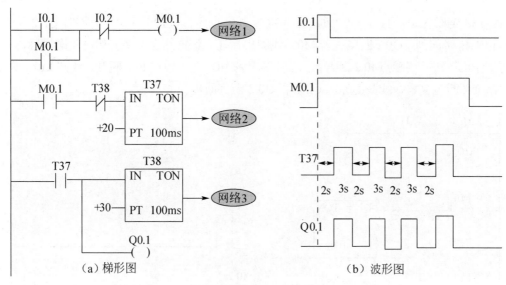

（a）梯形图　　　　（b）波形图

图3-80　多个定时器构成的脉冲发生电路

◆方案(二)，如图3-81所示。

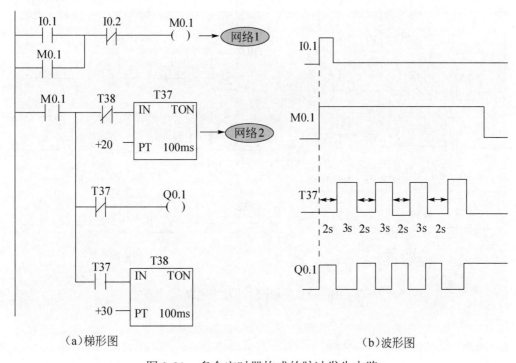

（a）梯形图　　　　（b）波形图

图3-81　多个定时器构成的脉冲发生电路

方案(二)的实现与方案(一)几乎一致,只不过方案(二)的 Q0.1 先得电且得电 2s 断 3s,方案(一)的 Q0.1 后得电且得电 3s 断 2s 而已。

(4)顺序脉冲发生电路

如图 3-82 所示为三个定时器顺序脉冲发生电路。当按下启动按钮,常开触点 I0.1 接通,辅助继电器 M0.1 得电并自锁,且其常开触点闭合,T37 开始定时同时 Q0.0 接通,T37 定时 2s 时间到,T37 的常闭触点断开,Q0.0 断电;T37 常开触点闭合,T38 开始定时同时 Q0.1 接通,T38 定时 3s 时间到,Q0.1 断电;T38 常开触点闭合,T39 开始定时同时 Q0.2 接通,T39 定时 4s 时间到,Q0.2 断电;若 M0.1 线圈仍接通,该电路会重新开始产生顺序脉冲,直到按下停止按钮常闭触点 I0.2 断开;当按下停止按钮,常闭触点 I0.2 断开,线圈 M0.1 失电,定时器全部断电复位,线圈 Q0.0、Q0.1 和 Q0.2 全部断电。

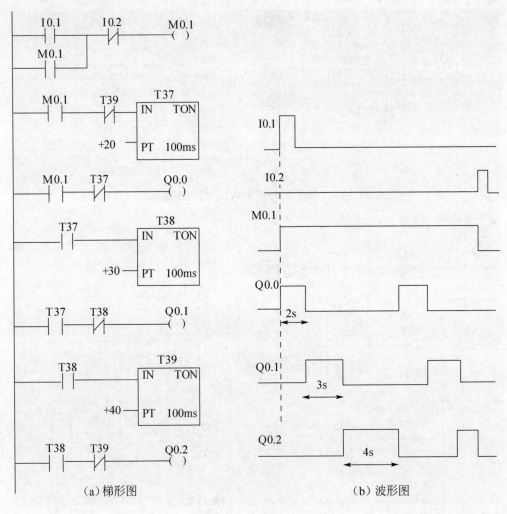

(a)梯形图　　　　　　　　　　(b)波形图

图 3-82　顺序脉冲发生电路

第4章

S7-200PLC 基本功能指令

本章要点

- 基本功能指令的简述
- 顺序控制继电器指令及应用
- 循环与跳转/标号指令及应用
- 子程序调用指令及应用
- 数据传送指令及应用
- 比较与段译码指令及应用
- 移位与循环指令及应用
- 数学运算与逻辑运算指令及应用

4.1 基本功能指令简述

4.1.1 基本功能指令用途及分类

基本逻辑指令是基于继电器、定时器和计数器类的软元件，主要用于逻辑处理。作为工业控制计算机，PLC 仅有基本逻辑指令是不够的，在工业控制的很多场合需要对数据进行处理，因而 PLC 制造商逐步引入了功能指令。基本功能指令主要用于数据传送、运算、变换、程序控制及通信等。一般说来，一条功能指令可以实现以往一大段程序才能完成的某一控制任务。常见的功能指令有：程序控制类指令、数据处理类指令、特殊功能指令和外部设备类指令等。具体情况如图 4-1 所示。

本书仅就最常用的基本逻辑指令给予讲解，有些指令不予说明。

4.1.2 基本功能指令的表达形式及使用要素

与基本逻辑指令一样，基本功能指令常用的语言表达形式也有两种：梯形图和语句表。功能指令的内涵主要是指令完成的功能，其梯形图多以功能框的形式出现，往往一条功能指令能够实现以往一大段程序才能实现的控制任务。下面以数据传送指令为例，就基本功能指令的表达形式及使用要素给予例说，如图4-2所示。

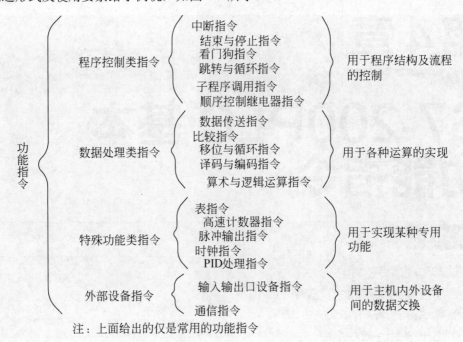

图 4-1　基本功能指令

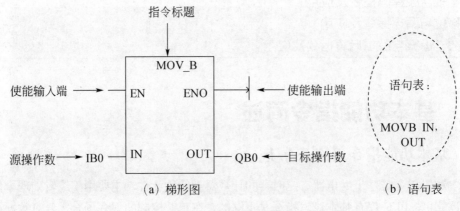

图 4-2　数据传送指令

（1）功能框及指令标题

基本功能指令的梯形图表达形式多采用功能框来表示。功能框顶部标有该指令标题，标题一般分为两部分，前一部分为助记符，多为英文缩写；后一部分为参与运算的数据类型，如"B"表示字节，"W"表示字，"DW"表示双字，"I"表示整数，"DI"表示双整数，"R"表示实数等。

（2）语句表表达形式

语句表表达形式一般也有两部分：一部分为助记符，一般情况与功能框中指令标题一致，也可能不一致；另一部分为参与运算的数据地址或数据，也有无数据的功能指令语句。

（3）操作数

操作数是功能指令涉及或产生的数据，一般分为源操作数和目标操作数两种。源操作数当指令执行后不改变其内容，一般位于功能框的左侧，用"IN"表示；目标操作数当指令执行后将改变其内容，一般位于功能框的右侧，用"OUT"表示；有时源操作数和目标操作数可以使用同一存储单元。操作数的类型长度必须和指令相匹配。S7-200PLC 的数据存储单元有 I、Q、M、SM、V、S 等多种类型，其长度有字节、字、双字等多种表达形式。

（4）指令执行条件

功能框中用"EN"表示指令执行条件。在梯形图中，与"EN"连接的编程触点或触点组合，从能量的角度讲，当触点满足能流到达功能框的条件时，该指令功能就得执行，如图 4-3 所示。

（5）ENO 状态

某些功能指令右侧设有 ENO 使能输出，如果使能输入 EN 有能流并且指令被正常执行，ENO 输出将会使能流传递给下一个元素，如果指令输出出错，则 ENO 输出为 0，如图 4-3 所示。

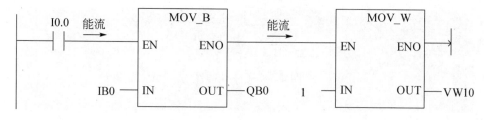

图 4-3　EN 与 ENO

（6）指令执行结果对特殊标志位的影响

为了方便用户更好地了解机内运行的情况，并为控制及故障自诊断提供方便，PLC 中设立了许多特殊标志位，如负值位、溢出位等。

（7）指令适用机型

功能指令并不是所有机型都适用，不同的 CPU 型号可适用功能指令范围不尽相同，读者可以查阅有关手册进行了解。

4.2　顺序控制继电器指令

在使用 PLC 进行顺序控制时常常采用顺序控制继电器指令，顺序控制继电器指令又称步进控制指令，它是一种由顺序功能图设计梯形图的专用指令。首先用顺序功能图描述程序的设计思想，然后再用指令编写出符合程序设计思想的程序。顺序控制继电器指令可以将顺序功能图转换为梯形图，因此顺序功能图是设计梯形图程序的基础。

4.2.1　顺序功能图简介

（1）顺序功能图的组成要素

顺序功能图是一种图形语言，用来编制顺序控制程序。在 IEC 的 PLC 编程语言标准

（IEC61131-3）中，顺序功能图被确定为 PLC 位居首位的编程语言。在编写程序的时候，往往根据控制系统的工艺过程，先画出顺序功能图，然后再根据顺序功能图写出梯形图。顺序功能图主要由步、有向连线、转换、转换条件和动作（或命令）这五大要素组成，如图 4-4 所示。

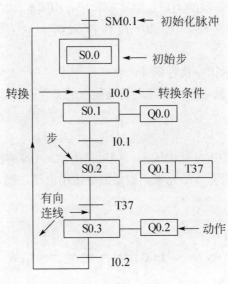

图 4-4　顺序功能图

① 步

步就是将系统的一个周期划分为若干个顺序相连的阶段，这些阶段就叫步。步是根据输出量的状态变化来划分的，通常用编程元件代表，编程元件是指内部标志位存储器（M）和顺序控制继电器（S）。步通常涉及到以下几个概念。

◆ 初始步：一般在顺序功能图的最顶端，与系统的初始化有关，通常用双方框表示，注意每一个顺序功能图中至少有一个初始步，初始步一般由 SM0.1 激活。

◆ 活动步：系统所处的当前步为活动状态，就称该步为活动步。当步处于活动状态时，相应的动作被执行，步处于不活动状态，相应的非记忆性动作被停止。

◆ 前级步和后续步：前级步和后续步是相对的，如图 4-5 所示。对于 S0.2 步来说，S0.1 是它的前级步，S0.3 步是它的后续步；对于 S0.1 步来说，S0.2 是它的后续步，S0.0 步是它的前级步；需要指出，一个顺序功能图中可能存在多个前级步和多个后续步，如 S0.0 就有两个后续步，分别为 S0.1 和 S0.4；S0.7 也有两个前级步，分别为 S0.3 和 S0.6。

② 有向连线

即连接步与步之间的连线，有向连线规定了活动步的进展路径与方向。通常规定有向连线的方向从左到右或从上到下箭头可省，从右到左或从下到上箭头一定不可省，如图 4-5 所示。

③ 转换

转换用一条与有向连线垂直的短划线表示，转换将相邻的两步分隔开。步的活动状态的进展是由转换的实现来完成，并与控制过程的发展相对应。

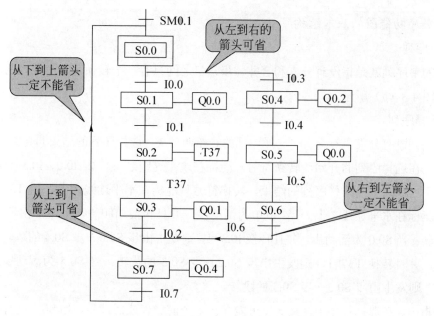

图 4-5   前级步后续步与有向连线

④ 转换条件

转换条件就是系统从上一步跳到下一步的信号。转换条件可以由外部信号提供，也可由内部信号提供。外部信号如按钮、传感器、接近开关、光电开关等的通断信号；内部信号如定时器和计数器常开触点的通断信号等。转换条件可以用文字语言、布尔代数表达式或图形符号标注在表示转换的短划线旁，使用较多的是布尔代数表达式，如图 4-6 所示。

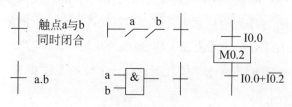

图 4-6   转换条件

⑤ 动作

被控系统每一个需要执行的任务或者是施控系统每一要发出的命令都叫动作。注意动作是指最终的执行线圈或定时器计数器等，一步中可能有一个动作或几个动作。通常动作用矩形框表示，矩形框内标有文字或符号，矩形框用相应的步符号相连。需要指出，涉及到多个动作时，处理方案如图 4-7 所示。

图 4-7   多个动作的处理方案

（2）顺序功能图的基本结构

① 单序列

所谓的单序列就是指没有分支和合并，步与步之间只有一个转换，每个转换两端仅有一个步，如图4-8（a）所示。

② 选择序列

选择序列既有分支又有合并，选择序列的开始叫分支，选择序列的结束叫合并，如图4-8（b）所示。在选择序列的开始，转换符号只能标在水平连线之下，如 I0.0、I0.3 对应的转换就标在水平连线之下；选择序列的结束，转换符号只能标在水平连线之上，如 T37、I0.5 对应的转换就标在水平连线之上；当 S0.0 为活动步，并且转换 I0.0=1，则发生由步 S0.0→步 S0.1 的跳转；当 S0.0 为活动步，并且转换 I0.3=1，则发生由步 S0.0→步 S0.4 的跳转；当 S0.2 为活动步，并且转换 T37=1，则发生由步 S0.2→步 S0.3 的跳转；当 S0.5 为活动步，并且转换 I0.5=1，则发生由步 S0.5→步 S0.3 的跳转。

需要指出，在选择程序中，某一步可能存在多个前级步或后续步，如 S0.0 就有两个后续步 S0.1、S0.4，S0.3 就有两个前级步 S0.2、S0.5。

③ 并行序列

并行序列用来表示系统的几个同时工作的独立部分的工作情况，如图4-8（c）所示。并行序列的开始叫分支，当转换满足的情况下，导致几个序列同时被激活，为了强调转换的同步实现，水平连线用双线表示，且水平双线之上只有一个转换条件，如步 S0.0 为活动步，并且转换条件 I0.0=1 时，步 S0.1、S0.4 同时变为活动步，步 S0.0 变为不活动步，水平双线之上只有转换条件 I0.0；并行序列的结束叫合并，当直接连在双线上的所有前级步 S0.2、S0.5 为活动步，并且转换条件 I0.3=1，才会发生步 S0.2、S0.5→S0.3 的跳转，即 S0.2、S0.5 为不活动步，S0.3 为活动步，在同步双水平线之下只有一个转换条件 I0.3。

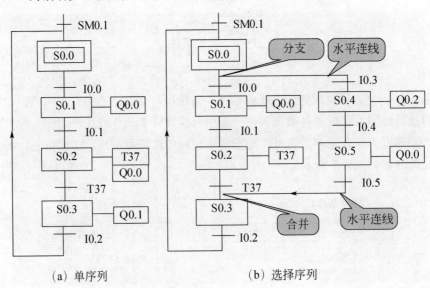

（a）单序列　　　　　（b）选择序列

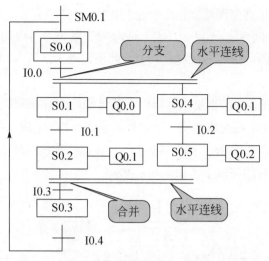

（c）并行序列

注：顺序功能图的编程元件不局限于顺序控制继电器S，用内部标志位存储器M也可以，用M时，只需将S换成M即可。

图4-8　顺序功能图的基本结构

（3）梯形图中转换实现的基本原则

① 转换实现的基本条件

在顺序功能图中，步的活动状态的进展是由转换的实现来完成的。转换的实现必须同时满足两个条件：

◆ 该转换的所有前级步都为活动步；

◆ 相应的转换条件得到满足。

以上两个条件缺一不可，若转换的前级步或后续步不只一个时，转换的实现称为同时实现，为了强调同时实现，有向连线的水平部分用双线表示。

② 转换实现应完成的操作

◆ 使所有由有向连线与相应转换符号连接的后续步都变为活动步；

◆ 使所有由有向连线与相应转换符号连接的前级步都变为不活动步。

重点提示

① 转换实现的基本原则口诀

以上转换实现的基本条件和转换完成的基本操作，可简要的概括为：当前级步为活动步，满足转换条件，程序立即跳转到下一步；当后续步为活动步时，前级步停止。

② 转换实现的基本原则是根据顺序功能图设计梯形图的基础，它适用于顺序功能图中的各种结构和各种顺序控制梯形图的编程方法。

（4）绘制顺序功能图时的注意事项

◆ 两步绝对不能直接相连，必须用一个转换将其隔开；

◆ 两个转换也不能直接相连，必须用一个步将其隔开。

以上两条是判断顺序功能图绘制正确与否的依据。

① 顺序功能图中初始步必不可少，它一般对应于系统等待启动的初始状态，这一步可能没有什么动作执行，因此很容易被遗忘。若无此步，则无法进入初始状态，系统也无法返回停止状态。

② 自动控制系统应能多次重复执行同一工艺过程，因此在顺序功能图中一般应有由步和有向连线组成的闭环，即在完成一次工艺过程的全部操作后，应从最后一步返回到初始步，系统停留在初始步（单周期操作），如图4-9所示；在执行连续循环工作方式时，应从最后一步返回下一周期开始运行的第一步，如图4-9所示。

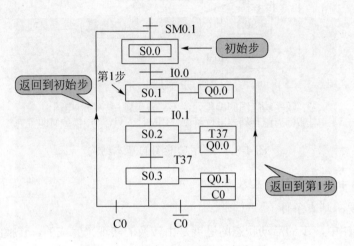

图4-9　顺序功能图的注意事项

4.2.2　顺序控制继电器指令

（1）顺序控制继电器指令简介

① 指令格式

顺序控制继电器指令（SCR指令）是S7-200PLC的专门编程语言，它具有自己的一套独立的编程方法，适用于编制顺序控制程序。在梯形图的绘制方面，它采用顺序控制继电器S作为编程元件，具体指令格式如表4-1所示。

表4-1　顺序控制继电器指令格式

指令名称	梯形图	语句表	功能说明	数据类型及操作数
顺序步开始指令	S bit / SCR	LSCR　S bit	该指令标志着一个顺序控制程序段的开始，当输入为1时，允许SCR段动作，SCR段必须用SCRE指令结束	BOOL，S
顺序步转换指令	S bit / (SCRT)	SCRT　S bit	SCRT指令执行SCR段的转换。当输入为1时，对应下一个SCR使能位被置位，同时本使能位被复位即本SCR段停止工作	

指令名称	梯形图	语句表	功能说明	数据类型及操作数
顺序步结束指令	⊢—(SCRE)	SCRE	执行 SCRE 指令，结束由 SCR 开始到 SCRE 之间顺序控制程序段的工作	无

② 顺序功能图转化为梯形图的步骤

需完成以下四步，如图 4-10 所示。

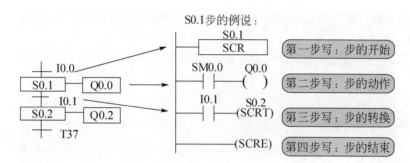

图 4-10　顺序功能图转化为梯形图的步骤

③ 顺序控制继电器指令使用的注意事项

◆ 不能将同一编号的顺序控制继电器位写在不同的程序中；如主程序中写了 S0.0 步的开始，步的转换或结束在子程序中出现是绝对错误的，要么就都出现在主程序中，要么就都出现在子程序中；

◆ 不能在 SCR 段之间使用跳转标号指令 JMP 和 LBL；

◆ 不能在 SCR 段中使用 FOR、NEXT 和 END 指令。

（2）顺序控制继电器指令应用举例

1）单序列程序的编制

例1：小车的自动控制。

① 系统控制要求

如图 4-11 所示，是某小车运动的示意图。

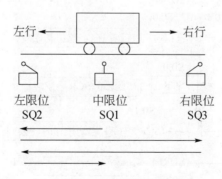

图 4-11　小车运动的示意图

设小车初始状态停在轨道的中间位置，中限位开关 SQ1 为 1 状态。按下启动按钮 SB1 后，小车左行，当碰到左限位开关 SQ2 后，开始右行；当碰到右限位开关 SQ3 时，停止在该位置，2s 后开始左行；当碰到左限位开关 SQ2 后，小车右行返回初始位置，当碰到中限位开关 SQ1，小车停止运动。

　　② 程序设计

　　a. I/O 分配。根据任务控制要求，对输入/输出量进行 I/O 分配，不同型号的 PLC 输入输出点数建议参考表 2-1。

　　输入量：中限位 SQ1（I0.0），左限位 SQ2（I0.1），右限位 SQ3（I0.2），启动按钮 SB1（I0.3）。

　　输出量：左行（Q0.0），右行（Q0.1）。

　　b. 外部接线图，如图 4-12 所示。根据 I/O 分配，绘制外部接线图。外部接线图的绘制建议参考表 2-1，图 2-4，图 2-5。

　　c. 根据具体的控制要求绘制顺序功能图，如图 4-13 所示。

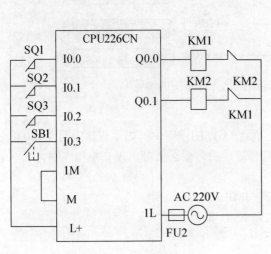

图 4-12　外部接线图

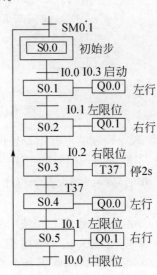

图 4-13　顺序功能图

　　d. 将顺序功能图转化为梯形图，如图 4-14 所示。可根据图 4-10 的方法进行转化，谨记四步即可：步的开始，步的动作，步的转化，步的结束。

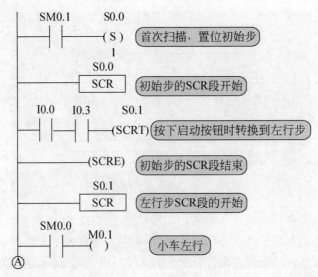

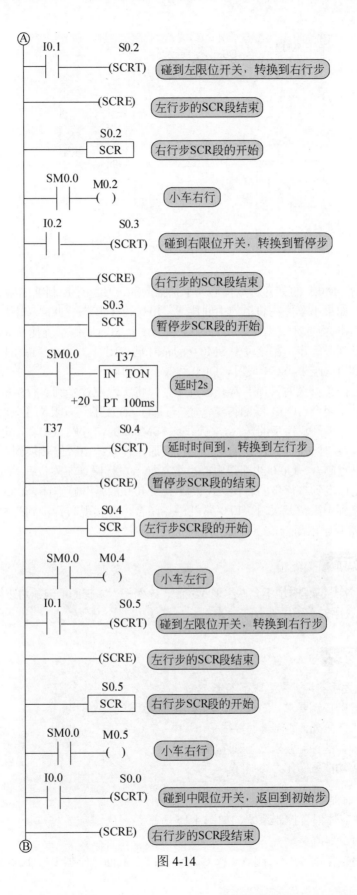

Ⓐ

I0.1	S0.2	
─┤ ├─	─(SCRT)	碰到左限位开关，转换到右行步

─(SCRE) 左行步的SCR段结束

S0.2
| SCR | 右行步SCR段的开始 |

SM0.0	M0.2	
─┤ ├─	─( )	小车右行

I0.2	S0.3	
─┤ ├─	─(SCRT)	碰到右限位开关，转换到暂停步

─(SCRE) 右行步的SCR段结束

S0.3
| SCR | 暂停步SCR段的开始 |

SM0.0   T37
─┤ ├─   ┌─────────┐
         │IN   TON │   延时2s
    +20 ─┤PT 100ms│
         └─────────┘

T37	S0.4	
─┤ ├─	─(SCRT)	延时时间到，转换到左行步

─(SCRE) 暂停步SCR段的结束

S0.4
| SCR | 左行步SCR段的开始 |

SM0.0	M0.4	
─┤ ├─	─( )	小车左行

I0.1	S0.5	
─┤ ├─	─(SCRT)	碰到左限位开关，转换到右行步

─(SCRE) 左行步的SCR段结束

S0.5
| SCR | 右行步SCR段的开始 |

SM0.0	M0.5	
─┤ ├─	─( )	小车右行

I0.0	S0.0	
─┤ ├─	─(SCRT)	碰到中限位开关，返回到初始步

─(SCRE) 右行步的SCR段结束

Ⓑ

图 4-14

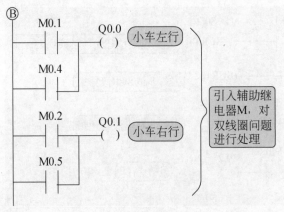

图 4-14 小车自动控制的梯形图程序

工作过程分析：

首次扫描时 SM0.1 的常开触点接通一个扫描周期，使顺序控制继电器 S0.0 置位，初始步变为活动步；如果小车停在轨道的中间位置，I0.0 为 1 状态，此时按下启动按钮 I0.3，指令"SCRT S0.1"对应的线圈得电，使得 S0.1 变为 1 状态，操作系统使 S0.0 变为 0 状态，系统由初始步转换到左行步，在该段中 SM0.0 的常开触点闭合，Q0.0 线圈得电，小车左行。在系统没有执行 S0.1 对应的 SCR 段时，Q0.0 线圈不会通电。

左行碰到左限位开关时，I0.1 常开触点闭合，将实现左行步到右行步的转换，在该段中 SM0.0 的常开触点闭合，Q0.1 线圈得电，小车右行。右行碰到右限位开关时，I0.2 常开触点闭合，将实现右行步到暂停步的转换，在该段中 SM0.0 的常开触点闭合，定时器 T37 用来使暂停步持续 2s，延时时间到 T37 的常开触点接通，使系统由暂停转换到左行步，在该段中 SM0.0 的常开触点闭合，Q0.0 线圈得电，小车左行。左行碰到左限位开关时，I0.1 常开触点闭合，将实现左行步到右行步的转换，在该段中 SM0.0 的常开触点闭合，Q0.1 线圈得电，小车右行。右行碰到中限位开关时，I0.0 常开触点闭合，将实现右行步到初始步的转换，在该段中 SM0.0 的常开触点闭合，Q0.1 线圈得电，小车右行。

> **重点提示**
>
> 在 SCR 指令编程时也不允许出现双线圈，该例子引入辅助继电器对双线圈问题进行处理，这是我们在平时编程中需要注意的。

> **重点提示**
>
> 一个完整程序的设计需要以下四步：
> ① 根据任务控制要求，对输入/输出量进行 I/O 分配；
> ② 根据 I/O 分配，绘制外部接线图；
> ③ 根据具体的控制要求绘制顺序功能图；
> ④ 将顺序功能图转化为梯形图。

2）选择序列程序的编制

例 2：两种液体混合控制系统，如图 4-15 所示。

① 系统控制要求

a. 初始状态。容器为空，阀 A～阀 C 均为 OFF，液面传感器 L1、L2、L3 均为 OFF，搅拌电动机 M 为 OFF。

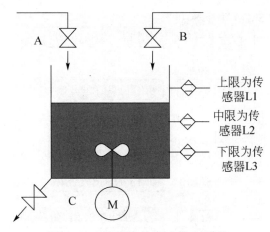

图 4-15　两种液体混合控制系统

b. 启动运行。按下启动按钮后，打开阀 A，注入液体 A；当液面到达 L2（L2=ON）时，关闭阀 A，打开阀 B，注入 B 液体；当液面到达 L1（L1=ON）时，关闭阀 B，同时搅拌电动机 M 开始运行搅拌液体，30s 后电动机停止搅拌，阀 C 打开放出混合液体；当液面降至 L3 以下（L1=L2=L3=OFF）时，再过 6s 后，容器放空，阀 C 关闭，打开阀 A，又开始了下一轮的操作。

c. 按下停止按钮，系统完成当前工作周期后停在初始状态。

② 程序设计

a. I/O 分配。根据任务控制要求，对输入/输出量进行 I/O 分配；

输入量：启动按钮（I0.0），传感器 L1（I0.1），传感器 L2（I0.2），传感器 L3（I0.3），停止按钮（I0.4）；

输出量：阀 A（Q0.0），阀 B（Q0.1），阀 C（Q0.2），搅拌电动机 M（Q0.4）。

b. 外部接线图，如图 4-16 所示。

c. 根据具体的控制要求绘制顺序功能图，如图 4-17 所示。

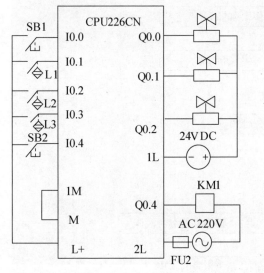

图 4-16　两种液体混合控制系统的外部接线图

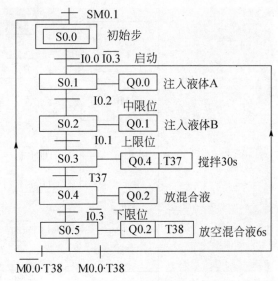

图 4-17　两种液体混合控制系统的顺序功能图

d. 将顺序功能图转化为梯形图，如图 4-18 所示。

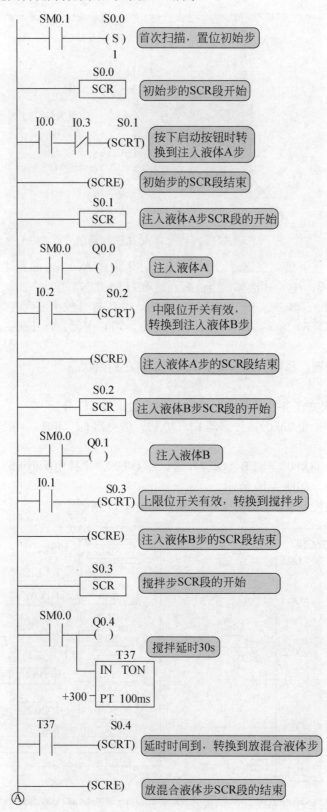

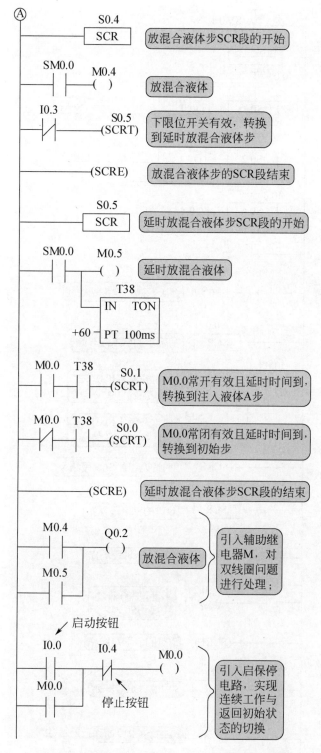

图 4-18　两种液体混合控制系统的梯形图程序

（4）并行序列程序的编制

例 3：将下面的顺序功能图翻译成梯形图，如图 4-19 所示。

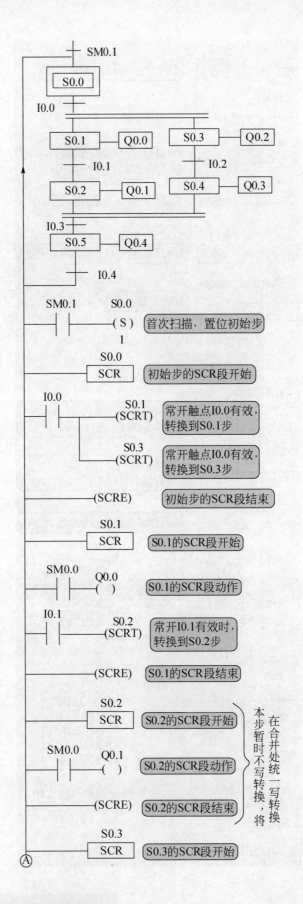

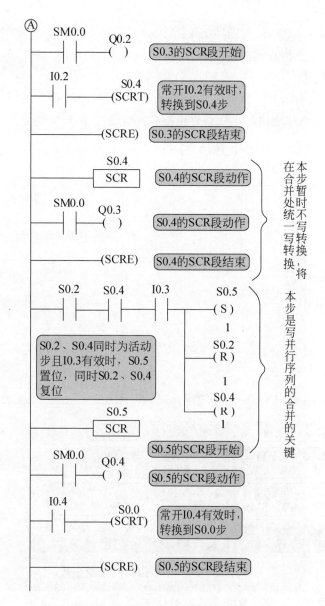

图 4-19　并行序列的顺序功能图与梯形图

4.3　循环与跳转/标号指令

4.3.1　循环指令

（1）指令格式

程序循环结构用于描述一段程序的重复循环执行，应用循环指令是实现程序循环的方法之一。循环指令有两条，循环开始指令（FOR）和循环结束指令（NEXT），具体如下：

循环开始指令（FOR）：用来标记循环体的开始；

循环结束指令（NEXT）：用于标记循环体的结束，无操作数；

循环开始指令（FOR）与循环结束指令（NEXT）之间的程序段叫循环体；

循环指令的指令格式如图4-20所示。

（2）工作原理

当输入使能端有效时，循环体开始执行，执行到 NEXT 指令返回。每执行一次循环体，当前值计数器 INDX 都加 1，当到达终止值 FINAL 时，循环体结束；当使能输入端无效时，循环体不执行。

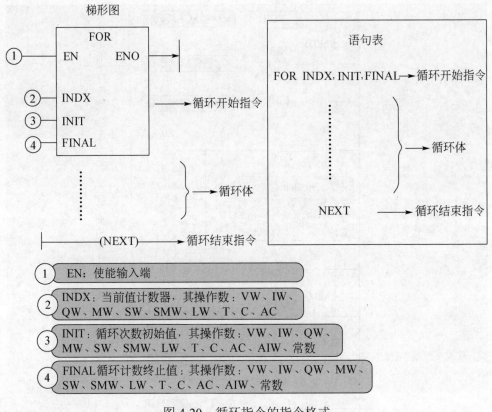

图4-20　循环指令的指令格式

（3）使用说明

① FOR、NEXT 指令必须成对使用。

② FOR、NEXT 指令可以循环嵌套，最多可嵌套8层。

③ 每次使能输入端重新有效时，指令将自动复位各参数。

④ 当初始值大于终止值时，循环体不执行。

（4）循环指令应用举例

例1：循环指令的嵌套。每执行1次外循环，内循环都要循环3次。

根据控制要求，设计梯形图程序如图4-21所示。

4.3.2　跳转/标号指令

（1）指令格式

跳转/标号指令是用来跳过部分程序使其不执行的指令，必须用在同一程序块内部实现跳

转。跳转/标号指令有两条,分别为跳转指令(JMP)和标号指令(LBL),具体如下:

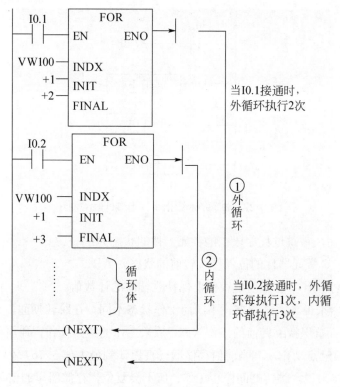

图 4-21　循环指令的应用举例

跳转指令(JMP):当输入有效时,使程序跳转到同一程序的指定标号处执行;

标号指令(LBL):指定跳转的目标标号;

跳转/标号指令格式,如表 4-2 所示。

表 4-2　跳转/标号指令

指令名称	梯形图	语句表	操作数及范围
跳转指令	N ———(JMP)	JMP N	N:常数,0~255
标号指令	N ┤├ LBL	LBL N	

(2)工作原理

跳转/标号指令工作原理示意图如图 4-22 所示。当跳转条件成立时(常开触点 I0.1 闭合),执行程序 A 后,跳过程序 B,执行程序 C;当跳转条件不成立时(常开触点 I0.1 断开),执行程序 A,接着执行程序 B,然后再执行程序 C。

(3)应用场合

适用于一些工作方式的切换、选择性分支控制和并列分支控制。

(4)使用说明

① 跳转/标号指令必须匹配使用,而且只能使用在同一程序块中,如主程序、同一子程序或同一中断程序。不能在不同的程序块中互相跳转。

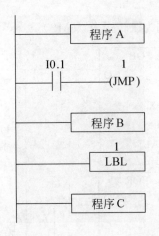

图 4-22　跳转/标号指令工作原理示意图

② 执行跳转后，被跳过程序段中的各元器件的状态为：

◆ Q、M、S、C 等元器件的位保持跳转前的状态。

◆ 计数器 C 停止计数，当前值存储器保持跳转前的计数值。

◆ 对于定时器来说，因刷新方式不同而工作状态不同。在跳转期间，分辨率为 1ms 和 10ms 的定时器会一直保持跳转前的工作状态，原来工作的继续工作，到预置值后，其位的状态也会改变，输出触点动作，其当前值存储器一直累计到最大值 32767 才停止；对于分辨率为 100ms 的定时器来说，跳转期间停止工作，但不会复位，存储器里的值为跳转时的值，跳转结束后，若输入条件允许，可继续计时，但已失去了准确值的意义。所以在跳转段里的定时器要慎用。

◆ 由于跳转指令具有选择程序段的功能，在同一程序且位于因跳转而不会被同时执行程序段中的同一线圈，不被视为双线圈。

◆ 跳转指令和标号指令必须成对出现，且可以有多条跳转指令使用同一标号，但不允许一个跳转指令对应两个标号的情况，即在同一程序中不允许存在两个相同的标号。

（5）跳转/标号指令应用举例

例 1：某车床的工作台运动示意图如图 4-23 所示。工作台初始状态停在最左边，左限位开关 SQ2 被压合。当按下启动按钮后，电磁阀 A 和电磁阀 C 均为 ON，工作台快速进给；当碰到中限位开关 SQ1 后，电磁阀 A 为 ON，此时变为工作进给；当碰到右限位开关 SQ3 后，暂停 3s；3s 后电磁阀 B 和电磁阀 C 为 ON，工作台快速退回，返回初始位置后，工作台停止。

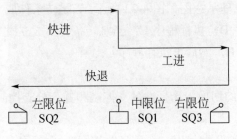

图 4-23　某车床的工作台运动示意图

要求控制车床工作台运动有以下几种工作方式：

① 单周期操作：按下启动按钮，工作台往复运动一次后，停在初始位置，等待下次启动；

② 连续操作：按下启动按钮，工作台连续往复运行。

程序设计：

① I/O 分配

输入量：启动按钮 SB1（I0.0），左限位 SQ2（I0.1），中限位 SQ1（I0.2），右限位 SQ3（I0.3），单周（I0.4），连续（I0.5）；

输出量：电磁阀 A（Q0.0），电磁阀 B（Q0.1），电磁阀 C（Q0.2）。

② 外部接线图和顺序功能图，如图 4-24 所示。

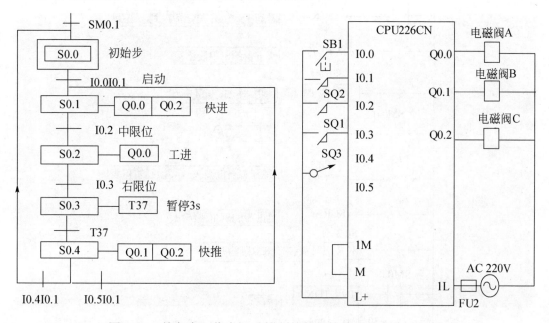

图 4-24　某车床工作台运动控制的外部接线图及顺序功能图

③ 绘制梯形图，如图 4-25 所示。

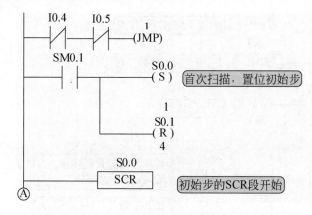

图 4-25

(A)

```
  I0.0    I0.1      S0.1
──┤├──────┤├──────(SCRT)          按下启动按钮时转换到快进步

                 (SCRE)            初始步的SCR段结束

                  S0.1
            ┌─────────────┐
            │    SCR      │        快进步SCR段的开始
            └─────────────┘

  SM0.0            M0.1
──┤├──────────────( )              工作台快进
                   M0.2
                  ( )

  I0.2             S0.2
──┤├──────────────(SCRT)           碰到中限位开关，转换到工进步

                 (SCRE)            快进步的SCR段结束

                  S0.2
            ┌─────────────┐
            │    SCR      │        工进步SCR段的开始
            └─────────────┘

  SM0.0    M0.3
──┤├──────( )                      工作台工进

  I0.3             S0.3
──┤├──────────────(SCRT)           碰到右限位开关，转换到暂停步

                 (SCRE)            工进步的SCR段结束

                  S0.3
            ┌─────────────┐
            │    SCR      │        暂停步SCR段的开始
            └─────────────┘

  SM0.0          T37
──┤├────────┌──────────────┐
            │ IN     TON   │        暂停3s
       +30 ─┤ PT   100ms   │
            └──────────────┘
  T37              S0.4
──┤├──────────────(SCRT)           T37定时时间到，转换到快退步

                 (SCRE)            暂停步SCR段的结束

                  S0.4
            ┌─────────────┐
            │    SCR      │        快退步SCR段的开始
            └─────────────┘

  SM0.0    M0.4
──┤├──────( )                      工作台快退
           Q0.1
          ( )

  I0.1    I0.4      S0.0
──┤├──────┤├──────(SCRT)           如碰到左限位且转换开关为
                                   单周时，转换到S0.0步；
           I0.5      S0.1
          ──┤├──────(SCRT)         如碰到左限位且转换开关为
                                   连续时，转换到S0.1步；
```

(B)

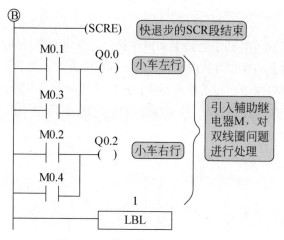

图 4-25 某工作台运动控制的梯形图程序

例 2：电葫芦升降机构控制。

控制要求：

① 手动操作：用各自按钮来一一对应接通或断开接触器的工作方式；

② 单周期：按下启动按钮，电葫芦执行"上升 4s→停止 6s→下降 4s→停止 6s"的运行，往复运动一次后，停在初始位置，等待下一次的启动；

③ 连续操作：按下启动按钮，电葫芦自动连续工作。

程序设计：

① I/O 分配

输入量：启动按钮 SB1（I0.0），上升按钮（I0.1），下降按钮（I0.2），手动（I0.3），单周（I0.4），连续（I0.5）。

输出量：上升接触器 KM1（Q0.0），下降接触器 KM2（Q0.1）。

② 外部接线图和顺序功能图，如图 4-26 所示。

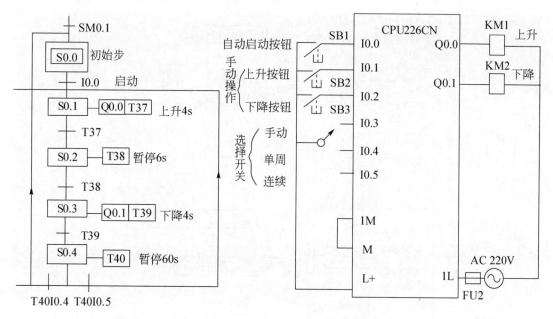

图 4-26 电葫芦升降机构控制的外部接线图及顺序功能图

③ 绘制梯形图。

　　总程序结构图如图 4-27 所示，其中包括手动程序和自动程序两个程序块，由跳转指令选择执行。如果选择开关接通手动操作方式时，I0.3 常闭触点断开，因此执行手动程序，I0.4、I0.5 常闭触点闭合，跳过自动程序，自动程序不执行；如果选择开关接通单周或连续操作方式时，I0.3 触点闭合，I0.4 或 I0.5 触点断开，使程序执行时跳过手动程序，选择执行自动程序，自动程序如图 4-28 所示。

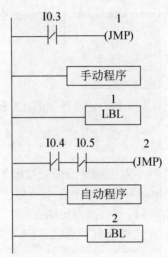

图 4-27　电葫芦升降机构控制总程序结构图

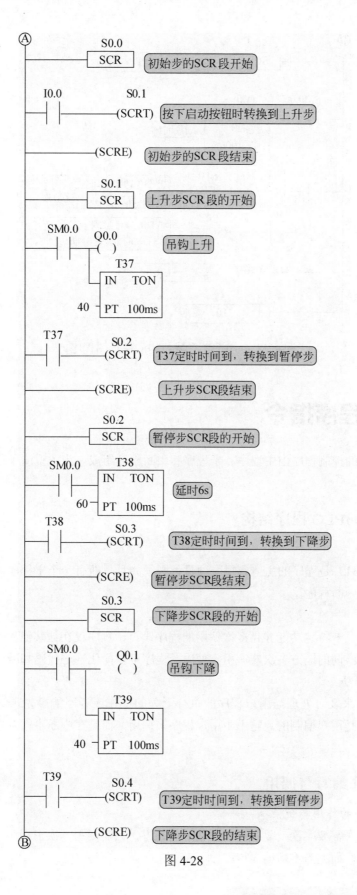

图 4-28

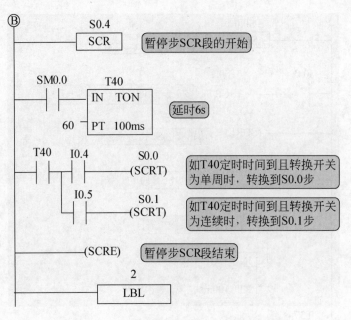

图 4-28　电葫芦升降机构的梯形图程序

4.4　子程序指令

S7-200PLC 的控制程序由主程序、子程序和中断程序组成，为了说清子程序指令首先看一下程序结构。

4.4.1　S7-200PLC 程序结构

（1）主程序

主程序（OB1）是程序的主体。每个项目都必须并且只能有一个主程序，在主程序中可以调用子程序和中断程序。

（2）子程序

子程序是指具有特定功能并且多次使用的程序段。子程序仅在被其他程序调用时执行，同一子程序可在不同的地方多次被调用，使用子程序可以简化程序代码和减少扫描时间。

（3）中断程序

中断程序用来及时处理与用户程序的执行无关的操作或者不能事先预测何时发生中断事件。中断程序是用户编制的，它不由用户程序来调用，而是在中断事件发生时由操作系统来调用。

4.4.2　子程序编写与调用

（1）子程序的作用与优点

子程序常用于需要多次反复执行相同任务的地方，只需要写一次子程序，当别的程序需要时可以调用它，而无需重新编写该程序了。

子程序的调用时是有条件的，未调用它时不会执行子程序中的指令，因此使用子程序可以减少程序扫描时间；子程序使程序结构简单清晰，易于调试、检查错误和维修，因此在复杂程序编写时，建议将全部功能划分为几个符合控制工艺的子程序块。

（2）子程序的创建

可以采用下列方法之一创建子程序：

① 从"编辑"菜单中，选择"插入→子程序"；

② 从"指令树"中，右击"程序块"图标，并从弹出的菜单中选择"插入→子程序"；

③ 从"程序编辑器"窗口中，单击右键，并从弹出的菜单中选择"插入→子程序"。

附带指出，子程序名称的修改，可以双击指令树中的子程序图标，在弹出的菜单中选择"重命名"选项。

（3）指令格式

子程序指令有子程序调用指令和子程序返回指令两条，指令格式如图4-29所示。

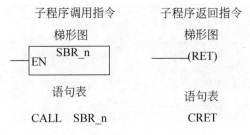

图4-29 子程序指令的指令格式

（4）子程序调用

子程序调用由在主程序内使用的调用指令完成。当子程序调用允许时，调用指令将程序控制转移给子程序（SBR_n），程序扫描将转移到子程序入口处执行。当执行子程序时，子程序将执行全部指令直到满足条件才返回，或者执行到子程序末尾而返回。当子程序返回时，返回到原主程序出口的下一条指令执行，继续往下扫描程序，如图4-30所示。

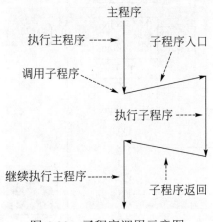

图4-30 子程序调用示意图

4.4.3 子程序指令应用举例

例：三台电动机顺序控制

（1）控制要求

按下启动按钮 SB1，电动机 M1、M2、M3 间隔 3s 顺序启动；按下停止按钮 SB2，电动机 M1、M2、M3 间隔 3s 顺序停止；用子程序指令实现以上控制功能。

（2）程序设计

① I/O 分配：如表 4-3 所示。

表 4-3 I/O 分配表

输入量		输出量	
启动按钮 SB1	I0.0	接触器 KM1	Q0.0
停止按钮 SB2	I0.1	接触器 KM2	Q0.1
		接触器 KM3	Q0.2

② 绘制梯形图：如图 4-31 所示为三台电动机顺序控制主程序梯形图；如图 4-32、图 4-33 所示，分别为电动机顺序启动和顺序停止的子程序。

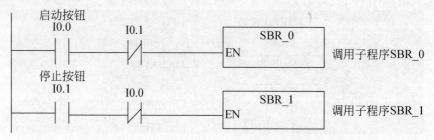

图 4-31 三台电动机顺序控制主程序梯形图

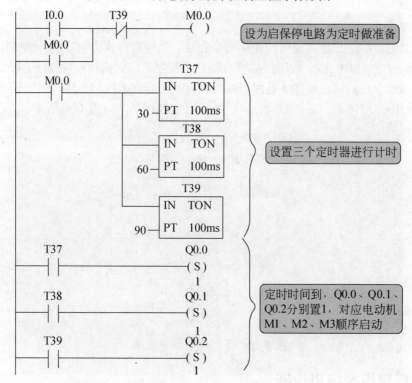

图 4-32 子程序 SBR_0 梯形图

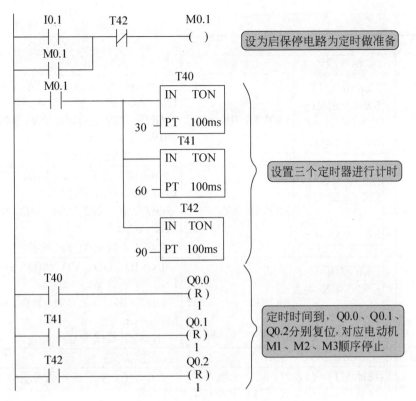

图 4-33　子程序 SBR_1 梯形图

4.5　数据传送指令

数据传送指令用来完成各存储单元之间一个或多个数据的传送,传送过程中数值保持不变。根据每次传送数据的多少,可将其分为单一传送指令和数据块传送指令,无论是单一传送指令还是数据块传送指令,都有字节、字、双字和实数等几种数据类型;为了满足立即传送的要求,设有字节立即传送指令,为了方便实现在同一字内高低字节的交换,还设有字节交换指令。

数据传送指令适用于存储单元的清零、程序的初始化等场合。

4.5.1　单一传送指令

单一传送指令用来传送一个数据,其数据类型可以为字节、字、双字和实数。在传送过程中数据内容保持不变,其指令格式如表 4-4 所示。

表 4-4　单一传送指令 MOV 的指令格式

指令名称	编程语言		操作数类型及操作范围
	梯形图	语句表	
字节传送指令	MOV_B —EN　ENO— —IN　OUT—	MOVB　IN, OUT	IN: IB、QB、VB、MB、SB、SMB、LB、AC、常数; OUT: IB、QB、VB、MB、SB、SMB、LB、AC; IN/OUT 数据类型:字节

指令名称	编程语言		操作数类型及操作范围
	梯形图	语句表	
字传送指令	MOV_W EN　ENO IN　OUT	MOVW　IN，OUT	IN：IW、QW、VW、MW、SW、SMW、LW、AC、T、C、AIW、常数； 　OUT：　IW、　QW、　VW、MW、　SW、SMW、LW、AC、T、C、AQW； 　IN/OUT 数据类型：字
双字传送指令	MOV_DW EN　ENO IN　OUT	MOVD　IN，OUT	IN：ID、QD、VD、MD、SD、SMD、LD、AC、HC、常数； 　OUT：ID、QD、VD、MD、SD、SMD、LD、AC； 　IN/OUT 数据类型：双字
实数传送指令	MOV_R EN　ENO IN　OUT	MOVR　IN，OUT	IN：ID、QD、VD、MD、SD、SMD、LD、AC、常数； 　OUT：ID、QD、VD、MD、SD、SMD、LD、AC； 　IN/OUT 数据类型：实数
EN（使能端）	I、Q、M、T、C、SM、V、S、L；　　EN 数据类型：位		
功能说明	当使能端 EN 有效时，将一个输入 IN 的字节、字、双字或实数传送到 OUT 的指定存储单元输出，传送过程数据内容保持不变		

应用举例：

① 将常数 3 传送 QB0，观察 PLC 小灯的点亮情况；

② 将常数 3 传送 QW0，观察 PLC 小灯的点亮情况。

程序设计：

① 如图 4-34 所示；

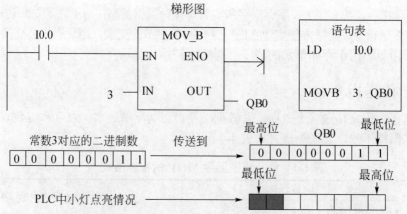

PLC中从左数第一和第二盏小灯点亮，即Q0.0和Q0.1，注意实际中的最低位在左，所以是Q0.0、Q0.1点亮，而不是Q0.6、Q0.7点亮；

图 4-34　应用 1 的程序设计

② 如图 4-35 所示。

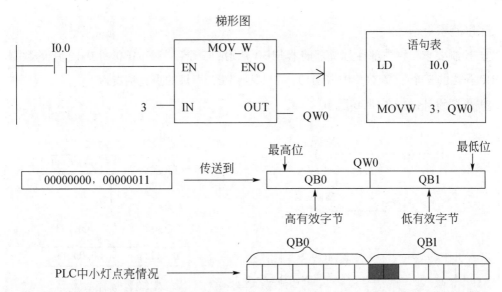

PLC中从左数第九和第十盏小灯点亮，即Q1.0和Q1.1，注意高低字节的排列和每个字节的高低位

图 4-35 应用 2 的程序设计

4.5.2 数据块传送指令

数据块传送指令用来一次性传送多个数据，块传送包括字节的块传送、字的块传送和双字的块传送，指令格式如表 4-5 所示。

表 4-5 数据块传送指令 BLKMOV 的指令格式

指令名称	编程语言		操作数类型及操作范围
	梯形图	语句表	
字节的块传送指令	BLKMOV_B EN ENO IN OUT N	BMB IN, OUT, N	IN：IB、QB、VB、MB、SB、SMB、LB； OUT：IB、QB、VB、MB、SB、SMB、LB； IN/OUT 数据类型：字节
字的块传送指令	BLKMOV_W EN ENO IN OUT N	BMW IN, OUT, N	IN：IW、QW、VW、MW、SW、SMW、LW、T、C、AIW； OUT：IW、QW、VW、MW、SW、SMW、LW、T、C、AQW； IN/OUT 数据类型：字
双字的块传送指令	BLKMOV_D EN ENO IN OUT N	BMD IN, OUT, N	IN：ID、QD、VD、MD、SD、SMD、LD； OUT：ID、QD、VD、MD、SD、SMD、LD； IN/OUT 数据类型：双字
EN（使能端）	I、Q、M、T、C、SM、V、S、L； 数据类型：位		
N（源数据数目）	IB、QB、VB、MB、SB、SMB、LB、AC、常数；数据类型：字节；数据范围：1～255		
功能说明	当使能端 EN 有效时，把从输入 IN 开始 N 个的字节、字、双字传送到 OUT 的起始地址中，传送过程数据内容保持不变		

应用举例：

① 控制要求：将内部标志位存储器 MB0 开始的 2 个字节（MB0～MB1）中的数据，移至 QB0 开始的 2 个字节（QB0～QB1）中，观察 PLC 小灯的点亮情况。

② 程序设计：如图 4-36 所示。

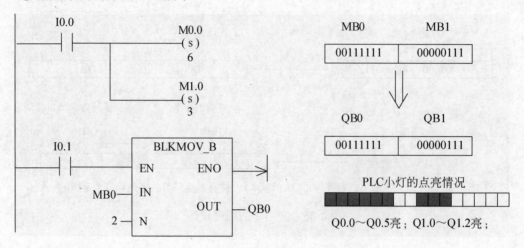

图 4-36　数据块传送指令的应用举例

4.5.3　字节交换指令

字节交换指令用来交换输入字 IN 的最高字节和最低字节；具体指令格式如图 4-37 所示。

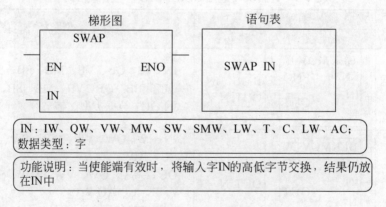

图 4-37　字节交换指令的指令格式

字节交换指令应用举例：

① 控制要求：将字 QW0 中高低字节的内容交换，观察 PLC 小灯的点亮情况；

② 程序设计：如图 4-38 所示。

4.5.4　字节立即传送指令

字节立即传送指令和位逻辑指令中的立即指令一样，用于输入输出的立即处理，它包括字节立即读指令和字节立即写指令，具体指令格式如表 4-6 所示。

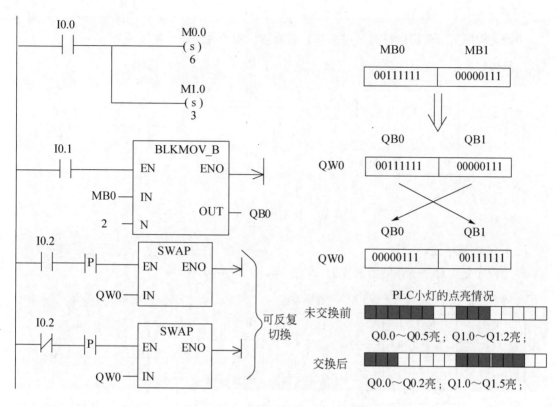

图 4-38　字节交换指令的应用举例

字节立即读指令，当使能端有效时，读取实际输入端 IN 给出的 1 个字节的数值，并将结果写入 OUT 所指定的存储单元，但输入映像寄存器未更新。

字节立即写指令，当使能端有效时，从输入端 IN 所指定的存储单元中读取 1 个字节的数据，并写入到 OUT 所指定的存储单元，刷新输出映像寄存器，并将计算结果立即输出到负载。

表 4-6　字节立即传送指令的指令格式

指令名称	编程语言		操作数类型及操作范围
	梯形图	语句表	
字节立即读指令	MOV_BIR EN　ENO IN　OUT	BIR　IN，OUT	IN：IB； OUT：IB、QB、VB、MB、SB、SMB、LB、AC； IN/OUT 数据类型：字节
字节立即写指令	MOV_BIW EN　ENO IN　OUT	BIW　IN，OUT	IN：IB、QB、VB、MB、SB、SMB、LB、AC、常数； OUT：QB； IN/OUT 数据类型：字节

4.5.5 数据传送指令应用举例

（1）初始化程序设计

初始化程序用于开机运行时，对某些存储器置位的一种操作，如图4-39所示。

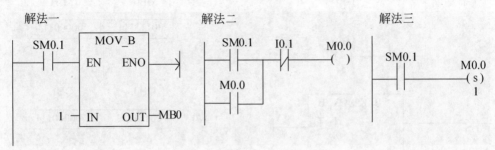

图4-39 初始化程序设计

（2）停止程序设计

停止程序是指对某些存储器清零的一种操作，如图4-40所示。

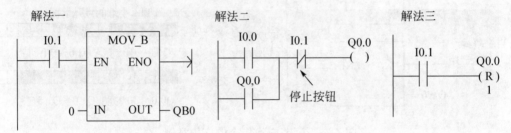

图4-40 停止程序的设计

（3）应用举例

两级传送带启停控制。

① 控制要求：两级传送带启停控制如图4-41所示。当按下启动按钮后，电动机M1接通；当货物到达I0.1，I0.1接通并启动电动机M2；当货物到达I0.2后，M1停止；货物到达I0.3后，M2停止；试设计梯形图。

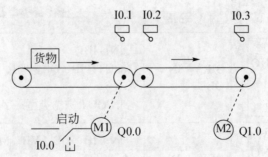

图4-41 两级传送带启停控制

② 程序设计：如图4-42所示。

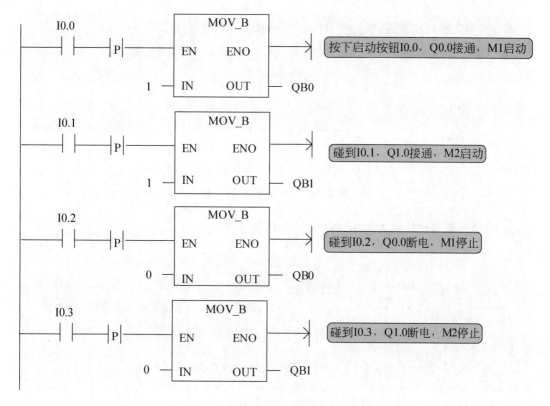

图 4-42　两级传送带启停控制的梯形图

4.6　比较指令与段译码指令

4.6.1　比较指令

比较指令是将两个操作数或字符串按指定条件进行比较，当比较条件成立时，其触点闭合，后面的电路接通；否则比较触点断开，后面的电路不接通。

比较指令的运算符有六种，其操作数可以为字节、双字、整数或实数，具体如图 4-43 所示。

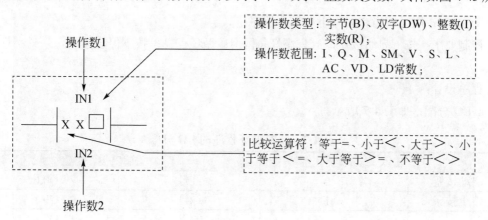

图 4-43　比较指令

比较指令的触点和普通的触点一样，可以装载、串联和并联。

① 装载：如图 4-44 所示。

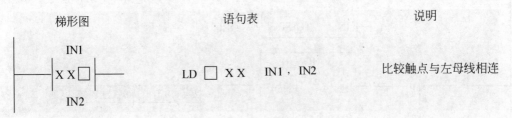

图 4-44　比较触点的装载

② 普通触点与比较触点的串联：如图 4-45 所示。

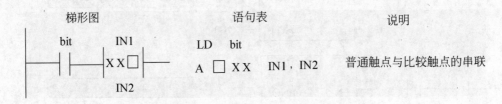

图 4-45　普通触点与比较触点的串联

③ 普通触点与比较触点的并联：如图 4-46 所示。

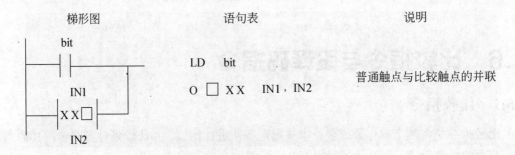

图 4-46　普通触点与比较触点的并联

④ 举例：用比较指令编写小灯循环程序。

控制要求：按下启动按钮，3 只小灯每隔 1s 循环点亮；按下停止按钮，3 只小灯全部熄灭。

程序设计：

a. I/O 分配：如表 4-7 所示。

表 4-7　小灯循环程序的 I/O 分配

输入量		输出量	
启动按钮	I0.0	红灯	Q0.0
停止按钮	I0.1	绿灯	Q0.1
		黄灯	Q0.2

b. 梯形图：如图 4-47 所示。

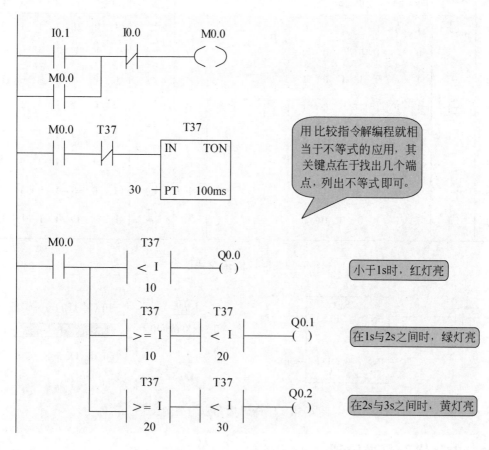

用比较指令解编程就相当于不等式的应用，其关键点在于找出几个端点，列出不等式即可。

小于1s时，红灯亮

在1s与2s之间时，绿灯亮

在2s与3s之间时，黄灯亮

图 4-47　小灯循环程序

4.6.2　段译码指令

段译码指令 SEG 将输入端（IN）中指定字节的低 4 位确定的十六进制数（16#0～16#F）转换生成点亮七段数码管各段代码，并送到输出（OUT）。

段译码指令的指令格式如图 4-48 所示。

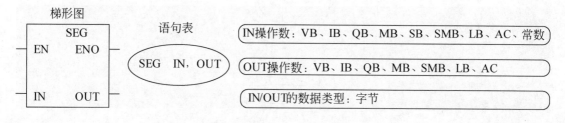

图 4-48　段译码指令的指令格式

段译码指令转换表，如图 4-49 所示。

◆ 举例：编写显示数字 3 的七段显示码程序；程序设计如图 4-50 所示。

IN	段显示	OUT a	b	c	d	e	f	g	IN	段显示	OUT a	b	c	d	e	f	g
0	0	1	1	1	1	1	1	0	8	8	1	1	1	1	1	1	1
1	1	0	1	1	0	0	0	0	9	9	1	1	1	0	0	1	1
2	2	1	1	0	1	1	0	1	A	A	1	1	1	0	1	1	1
3	3	1	1	1	1	0	0	1	B	b	0	0	1	1	1	1	1
4	4	0	1	1	0	0	1	1	C	C	1	0	0	1	1	1	0
5	5	1	0	1	1	0	1	1	D	d	0	1	1	1	1	0	1
6	6	1	0	1	1	1	1	1	E	E	1	0	0	1	1	1	1
7	7	1	1	1	0	0	0	0	F	F	1	0	0	0	1	1	1

（段显示示意：a 在上，f | g | b，e | | c，d 在下）

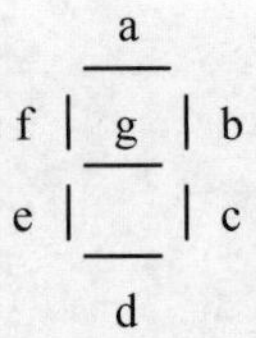

图 4-49 段译码指令转换表

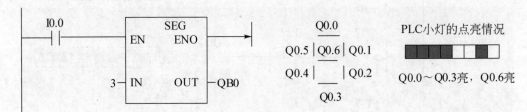

图 4-50 段译码指令应用举例

4.6.3 电视塔的灯光控制

（1）控制要求

如图 4-51 为某电视塔示意图。按下启动按钮，1～4 层彩灯每个 3s 交替点亮，当第 4 层彩灯点亮 3s 后，1～4 层彩灯全点亮，之后重复上述过程，在此期间 1～4 层彩灯点亮，数码

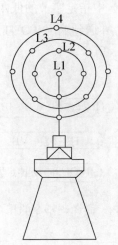

图 4-51 电视塔示意图

管对应显示1、2、3、4，彩灯全部点亮数码管显示5，试设计此程序。

（2）程序设计

① I/O 分配：

启动按钮：I0.0；停止按钮：I0.1；

第1层彩灯：Q0.1；第3层彩灯：Q0.3；

第2层彩灯：Q0.2；第4层彩灯：Q0.4。

② 梯形图：如图4-52所示。

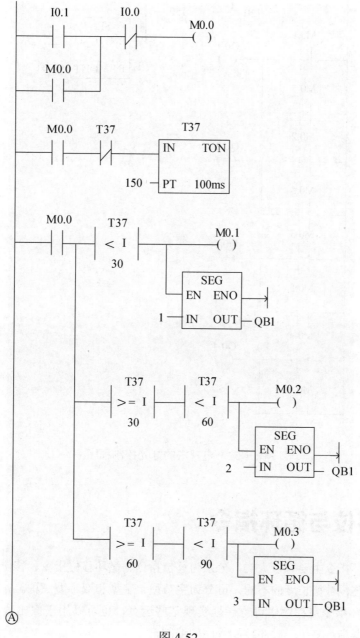

图 4-52

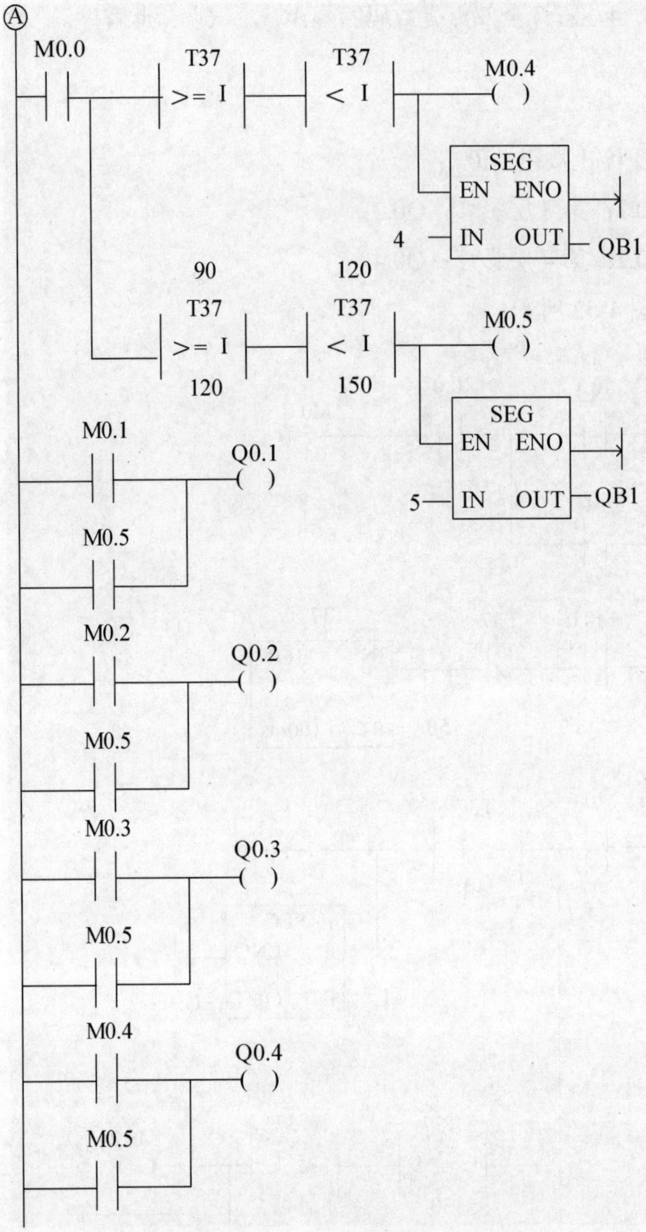

图 4-52　电视塔的灯光控制程序

4.7　移位与循环指令

　　移位与循环指令主要有三大类，分别为移位指令、循环移位指令和移位寄存器指令。其中前两类根据移位数据长度的不同，可分为字节型、字型和双字型三种。

　　移位与循环指令在程序中可方便地实现某些运算，也可以用于取出数据中的有效位数字。移位寄存器指令多用于顺序控制程序的编制。

4.7.1 移位指令

（1）工作原理

移位指令分为两种，分别为左移位指令和右移位指令。该指令是指在满足使能条件的情况下，将 IN 中的数据向左或向右移 N 位后，把结果送到 OUT 的指定地址。移位指令对移出位自动补 0，如果移动位数 N 大于允许值（字节操作为 8，字操作为 16，双字操作为 32）时，实际移动的位数为最大允许值。移位数据存储单元的移位端与溢出位 SM1.1 相连，若移位次数大于 0 时，最后移出位的数值将保存在溢出位 SM1.1 中；若移位结果为 0，零标志位 SM1.0 将被置 1，具体如图 4-53 所示。

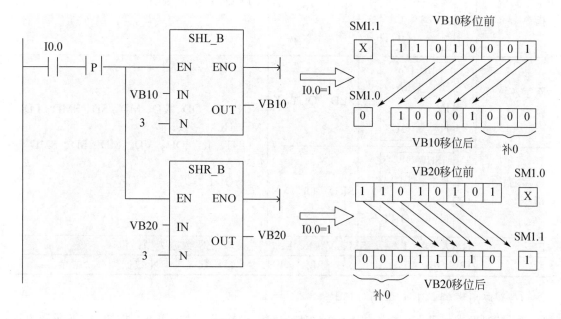

图 4-53 移位指令的图示

（2）指令格式（如表 4-8 所示）

表 4-8 移位指令的指令格式

指令名称	编程语言		操作数类型及操作范围
	梯形图	语句表	
字节左移位指令	SHL_B EN ENO IN N OUT	SLB OUT, N	IN：IB、QB、VB、MB、SB、SMB、LB、AC、常数； OUT：IB、QB、VB、MB、SB、SMB、LB、AC； IN/OUT 数据类型：字节
字节右移位指令	SHR_B EN ENO IN N OUT	SRB OUT, N	

指令名称	编程语言		操作数类型及操作范围
	梯形图	语句表	
字左移位指令	SHL_W EN ENO IN N OUT	SLW OUT，N	IN：IW、QW、VW、MW、SW、SMW、LW、AC、T、C、AIW、常数； OUT：IW、QW、VW、MW、SW、SMW、LW、AC、T、C、AQW； IN/OUT 数据类型：字
字右移位指令	SHR_W EN ENO IN N OUT	SRW OUT，N	
双字左移位指令	SHL_DW EN ENO IN N OUT	SLD OUT，N	IN：ID、QD、VD、MD、SD、SMD、LD、AC、HC、常数； OUT：ID、QD、VD、MD、SD、SMD、LD、AC； IN/OUT 数据类型：双字
双字右移位指令	SHL_DW EN ENO IN N OUT	SRD OUT，N	
EN	I、Q、M、T、C、SM、V、S、L；		EN 数据类型：位
N	IB、QB、VB、MB、SB、SMB、LB、AC、常数；		N 数据类型：字节

（3）应用举例：小车自动往返控制

◆ 控制要求：设小车初始状态停止在最左端，当按下启动按钮小车按图 4-54 所示的轨迹运动；当再次按下启动按钮，小车又开始了新的一轮运动。

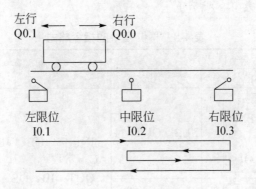

图 4-54　小车运动的示意图

◆ 程序设计：如图 4-55 所示。

① 绘制顺序功能图；

② 将顺序功能图转化为梯形图；

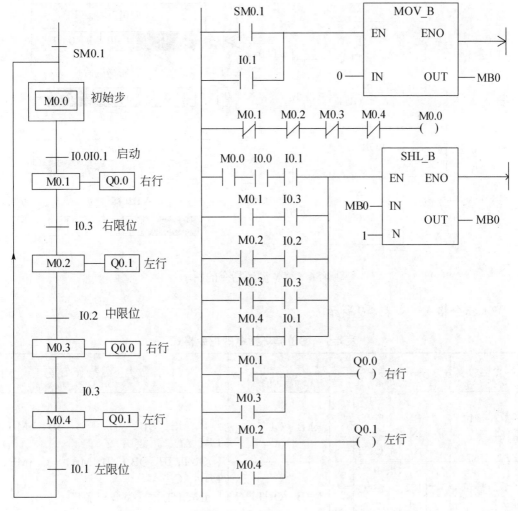

图 4-55　小车自动往返控制顺序功能图与梯形图

4.7.2　循环移位指令

（1）工作原理

循环移位指令分为两种，分别为循环左移位指令和循环右移位指令。该指令是指在满足使能条件的情况下，将 IN 中的数据向左或向右移 N 位后，把结果输出到 OUT 的指定地址。循环移位是一个环形，即被移出来的位将返回另一端空出的位置。若移动的位数 N 大于允许值（字节操作为 8，字操作为 16，双字操作为 32）时，执行循环移位之前先对 N 进行取模操作，例如字节移位，将 N 除以 8 以后取余数，从而得到一个有效的移位次数。取模的结果对于字节操作的 0～7，对于字操作是 0～15，对于双字操作是 0～31，若取模操作为 0，则不能进行循环移位操作。

若执行循环移位操作，移位的最后一位的数值存放在溢出位 SM1.1 中；若实际移位次数为 0，零标志位 SM1.0 被置 1；字节操作是无符号的，对于有符号的双字移位时，符号位也被移位，具体如图 4-56 所示。

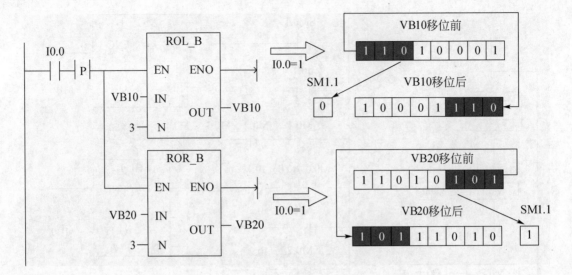

图 4-56　移位循环指令的图示

（2）指令格式（如表4-9所示）

表 4-9　移位循环指令的指令格式

指令名称	编程语言		操作数类型及操作范围
	梯形图	语句表	
字节左移位循环指令	ROL_B EN　ENO IN N　OUT	RLB　OUT，N	IN：IB、QB、VB、MB、SB、SMB、LB、AC、常数； OUT：IB、QB、VB、MB、SB、SMB、LB、AC； IN/OUT 数据类型：字节
字节右移位循环指令	ROR_B EN　ENO IN N　OUT	RRB　OUT，N	
字左移位循环指令	ROL_W EN　ENO IN N　OUT	RLW　OUT，N	IN：IW、QW、VW、MW、SW、SMW、LW、AC、T、C、AIW、常数； OUT：IW、QW、VW、MW、SW、SMW、LW、AC、T、C、AQW； IN/OUT 数据类型：字
字右移位循环指令	ROR_W EN　ENO IN N　OUT	RRW　OUT，N	
双字左移位循环指令	ROL_DW EN　ENO IN N　OUT	RLD　OUT，N	IN：ID、QD、VD、MD、SD、SMD、LD、AC、HC、常数； OUT：ID、QD、VD、MD、SD、SMD、LD、AC； IN/OUT 数据类型：双字
双字右移位循环指令	ROR_DW EN　ENO IN N　OUT	RRD　OUT，N	
N	IB、QB、VB、MB、SB、SMB、LB、AC、常数；		N 数据类型：字节

（3）应用举例：彩灯移位循环控制

◆ 控制要求：按下启动按钮 I0.0 且选择开关处于 1 位置（I0.2 常闭处于闭合状态），小灯左移循环；搬动选择开关处于 2 位置（I0.2 常开处于闭合状态），小灯右移循环，试设计程序。

◆ 程序设计：如图 4-57 所示。

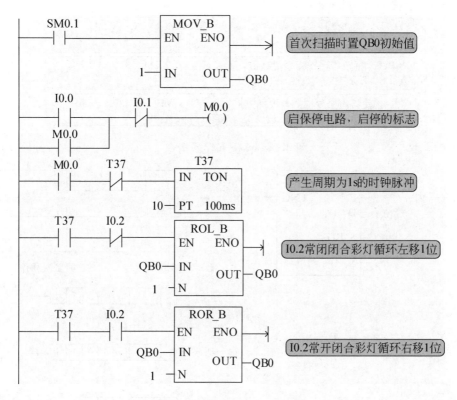

图 4-57　彩灯移位循环控制

4.7.3　移位寄存器指令

移位寄存器指令是移位长度和移位方向可调的移位指令。在顺序控制、物流及数据流控制等场合应用广泛。

（1）移位寄存器指令（如图 4-58 所示）

（2）工作过程

当使能输入端 EN 有效时，位数据 DATA 实现装入移位寄存器的最低位 S_BIT，此后使能端每当有 1 个脉冲输入时，移位寄存器都会移动 1 位。需要说明移位长度和方向与 N 有关，移位长度范围：1～64；移位方向取决于 N 的符号，当 N>0 时，移位方向向左，输入数据 DATA 移入移位寄存器的最低位 S_BIT，并移出移位寄存器的最高位；当 N<0 时，移位方向向右，输入数据移入移位寄存器的最高位，并移出最低位 S_BIT，移出的数据被放置在溢出位 SM1.1 中，具体如图 4-59 所示。

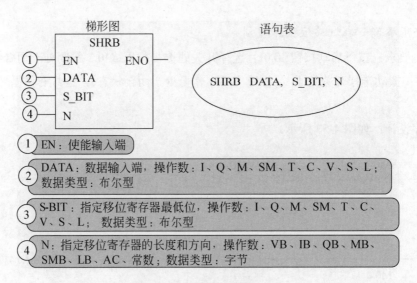

图 4-58　移位寄存器指令

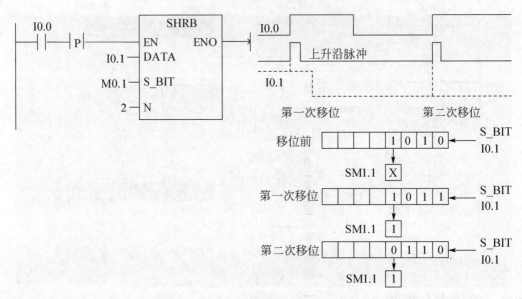

图 4-59　移位寄存器指令的工作过程

重点提示

　　移位寄存器中的 N 是移位总的长度，即一共移了多少位；左右移位（循环）指令中的 N 是每次移位长度

　　（3）应用举例：喷泉控制。

　　◆ 控制要求：某喷泉由 L1～L10 十根水柱构成，喷泉水柱示意图如图 4-60 所示。按下启动按钮，喷泉按图 4-60 所示花样喷水；按下停止按钮，喷水全部停止。

　　◆ 程序设计：

　　① I/O 分配：

　　输入量：

启动按钮：I0.0   停止按钮：I0.1

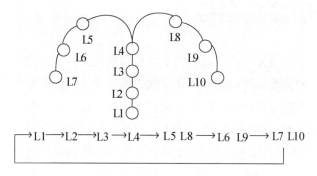

图 4-60   喷泉水柱布局及喷水花样

输出量：

L1～L4：Q0.0～Q0.3   L5、L8：Q0.4   L6、L9：Q0.5   L7、L10：Q0.6。

② 梯形图：如图 4-61 所示。

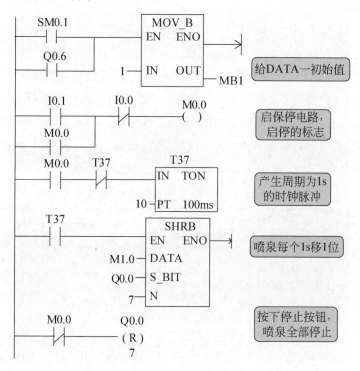

图 4-61   喷泉控制

使用 SHRB 指令关键在于：

① 将输入数据 DATA 置 1，可以采用启保停电路置 1，也可采用传送指令置 1；

② 构造脉冲发生器，用脉冲控制移位寄存器的移位；

③ 通过输出的第一位确定 S_BIT，有时还可能需要中间编程元件；

④ 通过输出个数确定移位长度 N。

4.8 数学运算类指令

PLC普遍具有较强的运算功能，其中数学运算指令是实现运算的主体，它包括四则运算指令、数学功能指令和递增、递减指令。其中四则运算指令包括整数四则运算指令、双整数四则运算指令、实数四则运算指令；数学功能指令包括三角函数指令、对数函数指令和平方根指令等。S7-200PLC对于数学运算指令来说，在使用时需注意存储单元的分配，在梯形图中，源操作数IN1、IN2和目标操作数OUT可以使用不一样的存储单元，这样编写程序比较清晰且容易理解。在使用语句表时，其中的一个源操作数需要和目标操作数OUT的存储单元一致，因此给理解、阅读带来了不便，在使用数学运算指令时，建议读者使用梯形图。

4.8.1 四则运算指令

（1）加法/乘法运算

整数、双整数、实数的加法/乘法运算时将源操作数运算后产生的结果，存储在目标操作数OUT中，操作数数据类型不变。而常规乘法两个16位整数相乘，产生一个32的结果。

◆ 梯形图表示：IN1+IN2=OUT（IN1×IN2=OUT），其含义为当加法（乘法）允许信号EN=1时，被加数（被乘数）IN1与加数（乘数）IN2相加（乘）送到OUT中。

◆ 语句表表示：IN1+OUT=OUT（IN1×OUT=OUT），其含义为先将加数（乘数）送到OUT中，然后把OUT中的数据和IN1中的数据进行相加（乘），并将其结果传送到OUT中。

加法运算指令格式如表4-10所示，乘法运算指令格式如表4-11所示。

表4-10　加法运算指令格式

指令名称	编程语言		操作数类型及操作范围
	梯形图	语句表	
整数加法指令	ADD_I EN　ENO IN1 IN2　OUT	+I IN1, OUT	IN1/IN2：IW、QW、VW、MW、SW、SMW、LW、AC、T、C、AIW、常数； OUT：IW、QW、VW、MW、SW、SMW、LW、AC、T、C； IN/OUT数据类型：整数
双整数加法指令	ADD_DI EN　ENO IN1 IN2　OUT	+D IN1, OUT	IN1/IN2：ID、QD、VD、MD、SD、SMD、LD、AC、HC、常数； OUT：ID、QD、VD、MD、SD、SMD、LD、AC； IN/OUT数据类型：双整数
实数加法指令	ADD_R EN　ENO IN1 IN2　OUT	+R IN1, OUT	IN1/IN2：ID、QD、VD、MD、SD、SMD、LD、AC、常数； OUT：ID、QD、VD、MD、SD、SMD、LD、AC； IN/OUT数据类型：实数

表4-11　乘法运算指令格式

指令名称	编程语言		操作数类型及操作范围
	梯形图	语句表	
整数乘法指令	MUL_I EN　ENO IN1 IN2　OUT	*I IN1，OUT	IN1/IN2：IW、QW、VW、MW、SW、 SMW、LW、AC、T、C、AIW、常数； OUT：IW、QW、VW、MW、SW、SMW、 LW、AC、T、C； IN/OUT 数据类型：整数
双整数乘法指令	MUL_DI EN　ENO IN1 IN2　OUT	*D IN1，OUT	IN1/IN2：ID、QD、VD、MD、SD、SMD、 LD、AC、HC、常数； OUT：ID、QD、VD、MD、SD、SMD、 LD、AC； IN/OUT 数据类型：双整数
实数乘法指令	MUL_R EN　ENO IN1 IN2　OUT	*R IN1，OUT	IN1/IN2：ID、QD、VD、MD、SD、SMD、 LD、AC、常数； OUT：ID、QD、VD、MD、SD、SMD、 LD、AC； IN/OUT 数据类型：实数

（2）减法/除法运算

整数、双整数、实数的减法/除法运算时将源操作数运算后产生的结果，存储在目标操作数 OUT 中，整数、双整数除法不保留小数。而常规除法两个 16 位整数相除，产生一个 32 的结果，其中高 16 位存储余数，低 16 位存储商。

◆ 梯形图表示：IN1–IN2=OUT（IN1/IN2=OUT），其含义为当减法（除法）允许信号 EN=1 时，被减数（被除数）IN1 与减数（除数）IN2 相减（除）送到 OUT 中。

◆ 语句表表示：IN1–OUT=OUT（IN1/OUT=OUT），其含义为先将减数（除数）送到 OUT 中，然后把 OUT 中的数据和 IN1 中的数据进行相减（除），并将其结果传送到 OUT 中。

减法运算指令格式如表 4-12 所示，除法运算指令格式如表 4-13 所示。

表4-12　减法运算指令格式

指令名称	编程语言		操作数类型及操作范围
	梯形图	语句表	
整数减法指令	SUB_I EN　ENO IN1 IN2　OUT	–I IN1， OUT	IN1/IN2：IW、QW、VW、MW、SW、SMW、 LW、AC、T、C、AIW、常数； OUT：IW、QW、VW、MW、SW、SMW、LW、 AC、T、C； IN/OUT 数据类型：整数
双整数减法指令	SUB_DI EN　ENO IN1 IN2　OUT	–D IN1， OUT	IN1/IN2：ID、QD、VD、MD、SD、SMD、LD、 AC、HC、常数； OUT：ID、QD、VD、MD、SD、SMD、LD、AC； IN/OUT 数据类型：双整数
实数减法指令	SUB_R EN　ENO IN1 IN2　OUT	–R IN1， OUT	IN1/IN2：ID、QD、VD、MD、SD、SMD、LD、 AC、常数； OUT：ID、QD、VD、MD、SD、SMD、LD、AC； IN/OUT 数据类型：实数

表 4-13   除法运算指令格式

指令名称	编程语言		操作数类型及操作范围
	梯形图	语句表	
整数除法指令	DIV_I EN ENO IN1 IN2 OUT	/I IN1，OUT	IN1/IN2：IW、QW、VW、MW、SW、SMW、LW、AC、T、C、AIW、常数； OUT：IW、QW、VW、MW、SW、SMW、LW、AC、T、C； IN/OUT 数据类型：整数
双整数除法指令	DIV_DI EN ENO IN1 IN2 OUT	/D IN1，OUT	IN1/IN2：ID、QD、VD、MD、SD、SMD、LD、AC、HC、常数； OUT：ID、QD、VD、MD、SD、SMD、LD、AC； IN/OUT 数据类型：双整数
实数除法指令	DIV_R EN ENO IN1 IN2 OUT	/R IN1，OUT	IN1/IN2：ID、QD、VD、MD、SD、SMD、LD、AC、常数； OUT：ID、QD、VD、MD、SD、SMD、LD、AC； IN/OUT 数据类型：实数

4.8.2 数学功能指令

S7-200PLC 的数学函数指令有平方根指令、自然对数指令、指数指令、正弦指令、余弦指令和正切指令。平方根指令将一个双字长（32 位）的实数 IN 开平方，得到 32 位的实数结果送到 OUT；自然对数指令将一个双字长（32 位）的实数 IN 取自然对数，得到 32 位的实数结果送到 OUT；指数指令将一个双字长（32 位）的实数 IN 取以 e 为底的指数，得到 32 位的实数结果送到 OUT；正弦、余弦和正弦指令计算角度值 IN 开平方，得到 32 位的实数结果送到 OUT；运算输入输出数据都为实数，结果大于 32 位二进制数表示的范围时产生溢出。

数学功能指令格式如表 4-14 所示。

表 4-14   数学功能指令格式

指令名称		平方根指令	自然对数指令	指数指令	正弦指令	余弦指令	正切指令
编程语言	梯形图	SQRT EN ENO IN OUT	EXP EN ENO IN OUT	LN EN ENO IN OUT	SIN EN ENO IN OUT	COS EN ENO IN OUT	TAN EN ENO IN OUT
	语句表	SQRT IN，OUT	EXP IN，OUT	LN IN，OUT	SIN IN，OUT	COS IN，OUT	TN IN，OUT
操作数类型及操作范围		IN：ID、QD、VD、MD、SD、SMD、LD、AC、常数； OUT：ID、QD、VD、MD、SD、SMD、LD、AC； IN/OUT 数据类型：实数					

4.8.3 递增、递减指令

字节、字、双字的递增/递减指令是源操作数加 1 或减 1，并将结果存放到 OUT 中，其中字节增减是无符号的，字和双字增减是有符号的数。

◆ 梯形图表示：IN+1=OUT，IN–1=OUT；

◆ 语句表表示：OUT+1=OUT，OUT–1=OUT。

值得说明的是，IN 和 OUT 使用相同的存储单元。递增、递减指令指令格式如表 4-15 所示。

表 4-15　递增、递减指令格式

指令名称	字节递增指令	字节递减指令	字递增指令	字递减指令	双字递增指令	双字递减指令
编程语言 梯形图	INC_B EN ENO IN OUT	DEC_B EN ENO IN OUT	INC_W EN ENO IN OUT	DEC_W EN ENO IN OUT	INC_DW EN ENO IN OUT	DEC_DW EN ENO IN OUT
语句表	INCB OUT	DECB OUT	INCW OUT	DECW OUT	INCD OUT	DECD OUT
操作数范围	IN：IB、QB、VB、MB、SB、SMB、LB、AC、常数；OUT：IB、QB、VB、MB、SB、SMB、LB、AC		IN：IW、QW、VW、MW、SW、SMW、LW、AC、T、C、AIW、常数；OUT：IW、QW、VW、MW、SW、SMW、LW、AC、T、C		IN1/IN2：ID、QD、VD、MD、SD、SMD、LD、AC、HC、常数；OUT：ID、QD、VD、MD、SD、SMD、LD、AC	

4.8.4 应用举例

例 1：四则运算指令举例，如图 4-62 所示。

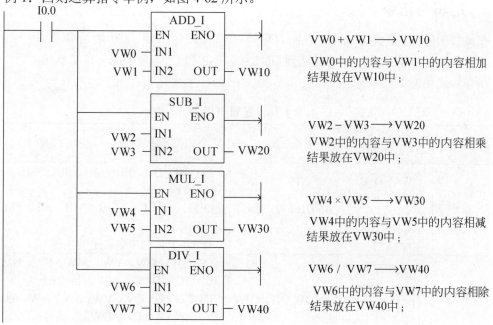

图 4-62　四则运算指令的举例

例 2：数学功能指令举例，如图 4-63 所示。

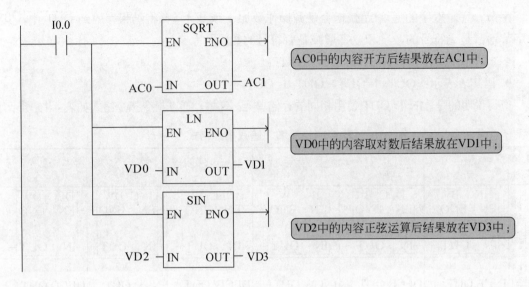

AC0中的内容开方后结果放在AC1中；

VD0中的内容取对数后结果放在VD1中；

VD2中的内容正弦运算后结果放在VD3中；

图 4-63　数学功能指令的举例

4.9　逻辑操作指令

逻辑操作指令对逻辑数（无符号数）对应位间的逻辑操作，它包括逻辑与、逻辑或、逻辑异或和取反指令。

4.9.1　逻辑与指令

在梯形图中，当逻辑与条件满足时，IN1 和 IN2 按位与，其结果传送到 OUT 中；在语句表中，IN1 和 OUT 按位与，结果传送到 OUT 中，IN2 和 OUT 使用同一存储单元。

指令格式如表 4-16 所示。

表 4-16　逻辑与指令

指令名称	编程语言		操作数类型及操作范围
	梯形图	语句表	
字节与指令	WAND_B EN　ENO IN1 IN2　OUT	ANDB IN1，OUT	IN：IB、QB、VB、MB、SB、SMB、LB、AC、常数； OUT：IB、QB、VB、MB、SB、SMB、LB、AC； IN/OUT 数据类型：字节
字与指令	WAND_W EN　ENO IN1 IN2　OUT	ANDW IN1，OUT	IN：IW、QW、VW、MW、SW、SMW、LW、AC、T、C、AIW、常数； OUT：IW、QW、VW、MW、SW、SMW、LW、AC、T、C、AQW； IN/OUT 数据类型：字

指令名称	编程语言		操作数类型及操作范围
	梯形图	语句表	
双字与指令	WAND_DW EN ENO IN1 IN2 OUT	ANDD IN，OUT	IN：ID、QD、VD、MD、SD、SMD、LD、AC、HC、常数； OUT：ID、QD、VD、MD、SD、SMD、LD、AC； IN/OUT 数据类型：双字

4.9.2　逻辑或指令

在梯形图中，当逻辑或条件满足时，IN1 和 IN2 按位或，其结果传送到 OUT 中；在语句表中，IN1 和 OUT 按位或，结果传送到 OUT 中，IN2 和 OUT 使用同一存储单元。

指令格式如表 4-17 所示。

表 4-17　逻辑或指令

指令名称	编程语言		操作数类型及操作范围
	梯形图	语句表	
字节或指令	WOR_B EN ENO IN1 IN2 OUT	ORB IN1，OUT	IN：IB、QB、VB、MB、SB、SMB、LB、AC、常数； OUT：IB、QB、VB、MB、SB、SMB、LB、AC； IN/OUT 数据类型：字节
字或指令	WOR_W EN ENO IN1 IN2 OUT	ORW IN1，OUT	IN：IW、QW、VW、MW、SW、SMW、LW、AC、T、C、AIW、常数； OUT：IW、QW、VW、MW、SW、SMW、LW、AC、T、C、AQW； IN/OUT 数据类型：字
双字或指令	WOR_DW EN ENO IN1 IN2 OUT	ORD IN，OUT	IN：ID、QD、VD、MD、SD、SMD、LD、AC、HC、常数； OUT：ID、QD、VD、MD、SD、SMD、LD、AC； IN/OUT 数据类型：双字

4.9.3　逻辑异或指令

在梯形图中，当逻辑异或条件满足时，IN1 和 IN2 按位异或，其结果传送到 OUT 中；在语句表中，IN1 和 OUT 按位异或，结果传送到 OUT 中，IN2 和 OUT 使用同一存储单元。

指令格式如表 4-18 所示。

表 4-18　逻辑异或指令

指令名称	编程语言		操作数类型及操作范围
	梯形图	语句表	
字节或指令	WXOR_B EN ENO IN1 IN2 OUT	XORB IN1，OUT	IN：IB、QB、VB、MB、SB、SMB、LB、AC、常数； OUT：IB、QB、VB、MB、SB、SMB、LB、AC； IN/OUT 数据类型：字节

指令名称	编程语言		操作数类型及操作范围
	梯形图	语句表	
字或指令	WXOR_W —EN ENO— —IN1 —IN2 OUT—	XORW IN1, OUT	IN: IW、QW、VW、MW、SW、SMW、LW、AC、T、C、AIW、常数; OUT: IW、QW、VW、MW、SW、SMW、LW、AC、T、C、AQW; IN/OUT 数据类型: 字
双字或指令	WXOR_DW —EN ENO— —IN1 —IN2 OUT—	XORD IN, OUI	IN: ID、QD、VD、MD、SD、SMD、LD、AC、HC、常数; OUT: ID、QD、VD、MD、SD、SMD、LD、AC; IN/OUT 数据类型: 双字

4.9.4 取反指令

在梯形图中,当逻辑取反条件满足时,IN 按位取反,其结果传送到 OUT 中;在语句表中,OUT 按位取反,结果传送到 OUT 中,IN 和 OUT 使用同一存储单元。

指令格式如表 4-19 所示。

表 4-19 取反指令

指令名称	编程语言		操作数类型及操作范围
	梯形图	语句表	
字节取反指令	INV_B —EN ENO— —IN OUT—	INVB OUT	IN: IB、QB、VB、MB、SB、SMB、LB、AC、常数; OUT: IB、QB、VB、MB、SB、SMB、LB、AC; IN/OUT 数据类型: 字节
字取反指令	INV_W —EN ENO— —IN OUT—	INVW OUT	IN: IW、QW、VW、MW、SW、SMW、LW、AC、T、C、AIW、常数; OUT: IW、QW、VW、MW、SW、SMW、LW、AC、T、C、AQW; IN/OUT 数据类型: 字
双字取反指令	INV_DW —EN ENO— —IN OUT—	INVD OUT	IN: ID、QD、VD、MD、SD、SMD、LD、AC、HC、常数; OUT: ID、QD、VD、MD、SD、SMD、LD、AC; IN/OUT 数据类型: 双字

4.9.5 应用举例

逻辑操作指令举例,如图 4-64 所示。

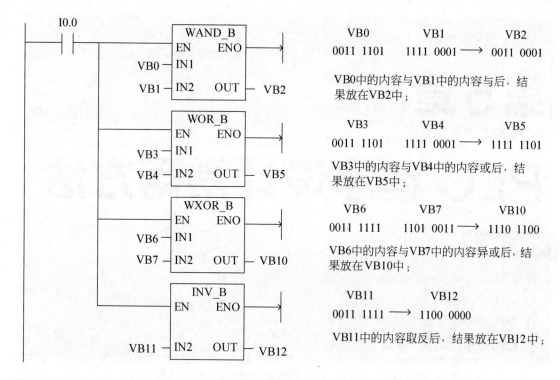

图 4-64　逻辑操作指令举例

第5章

PLC 程序设计常用方法

一个完整的 PLC 应用系统，由硬件和软件两部分构成，其中软件程序质量的好坏，直接影响着整个控制系统性能。然而对于初学者来说，对于 PLC 程序的设计往往感到无从下手、无章可循。鉴于此，本章将给出一些常用的编程方法（如经验设计法、翻译设计法和顺序控制设计法等），为初学者解决编程问题。

5.1 经验设计法

5.1.1 经验设计法简述

经验设计法顾名思义是一种根据设计者的经验进行设计的方法。该方法需要在一些经典控制程序的基础上，根据被控对象的具体要求，不断地修改和完善梯形图。有时需多次反复调试和修改梯形图，增加一些辅助触点和中间编程元件，最后才能得到一个较为满意的结果。

该方法没有普遍的规律可循，具有很大的试探性和随意性，最后的结果不唯一，设计所用的时间、设计的质量与设计者的经验有很大关系。该方法适用于简单控制方案（如手动程序）的设计。

5.1.2 设计步骤

① 准确了解系统的控制要求，合理确定输入输出端子。

② 根据输入输出关系，表达出程序的关键点；关键点的表达往往通过一些典型的环节，如启保停电路、互锁电路、振荡电路、延时电路等，鉴于这些电路以前已经介绍过，这里不再重复。但需要强调，这些典型电路是掌握经验设计法的基础，请大家务必牢记。

③ 在完成关键点的基础上，针对系统的最终输出初步绘出梯形图程序的草图。

④ 检查完善梯形图程序；在草图的基础上，按梯形图的编制原则检查梯形图，补充遗漏功能，更改错误、合理优化，从而达到最佳的控制要求。

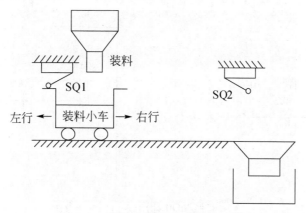

图 5-1　送料小车的自动控制系统

5.1.3　应用举例

例 1：送料小车的自动控制

（1）控制要求

送料小车的自动控制系统如图 5-1 所示。送料小车首先在轨道的最左端，左限位开关 SQ1 压合，小车装料，25s 后小车装料结束并右行；当小车碰到右限位开关 SQ2 后，小车停止右行并停下来卸料，20s 后卸料完毕并左行；当再次碰到左限位开关 SQ1 小车停止左行，并停下来装料。小车总是按"装料→右行→卸料→左行"模式循环工作，直到按下停止开关，才停止整个工作过程。

（2）设计过程

① 明确控制要求后，确定 I/O 端子。

输入量：左行启动按钮：I0.0；右行启动按钮：I0.1；停止按钮：I0.2；左限位：I0.3；右限位：I0.4；

输出量：左行：Q0.0；右行：Q0.1；装料：Q0.2；卸料：Q0.3。

② 关键点确定：由小车生产过程可知，小车左行、右行主要运动是电动机的正反转，在此基础上加入了装料、卸料环节，所以该控制属于简单控制，因此用启保停电路就可解决。

③ 编制并完善梯形图：如图 5-2 所示。

例 2：三只小灯循环点亮

（1）控制要求

按下启动按钮 SB1，三只小灯以"红→绿→黄"的模式每个 2s 循环点亮；按下停止按钮，三只小灯全部熄灭。

（2）设计过程

① 明确控制要求，确定 I/O 端子。

输入量：启动按钮：I0.0；停止按钮：I0.1；

输出量：红灯：Q0.0；绿灯：Q0.1；黄灯：Q0.2。

② 确定关键点，针对最终输出设计梯形图程序并完善；解法一如图 5-3 所示。

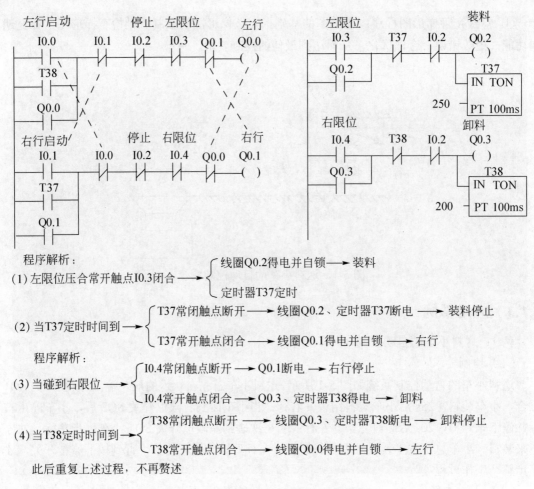

程序解析：

(1) 左限位压合常开触点I0.3闭合 ⟶ { 线圈Q0.2得电并自锁 ⟶ 装料 / 定时器T37定时

(2) 当T37定时时间到 ⟶ { T37常闭触点断开 ⟶ 线圈Q0.2、定时器T37断电 ⟶ 装料停止 / T37常开触点闭合 ⟶ 线圈Q0.1得电并自锁 ⟶ 右行

程序解析：

(3) 当碰到右限位 ⟶ { I0.4常闭触点断开 ⟶ Q0.1断电 ⟶ 右行停止 / I0.4常开触点闭合 ⟶ Q0.3、定时器T38得电 ⟶ 卸料

(4) 当T38定时时间到 ⟶ { T38常闭触点断开 ⟶ 线圈Q0.3、定时器T38断电 ⟶ 卸料停止 / T38常开触点闭合 ⟶ 线圈Q0.0得电并自锁 ⟶ 左行

此后重复上述过程，不再赘述

图 5-2　送料小车的自动控制梯形图

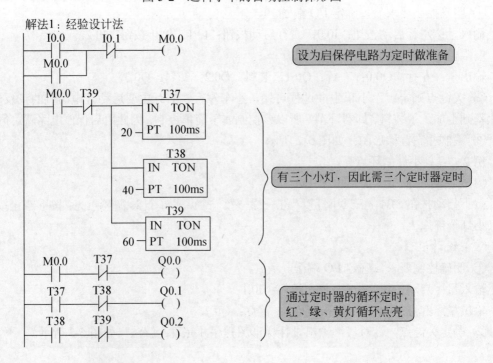

程序解析：

（1）常开触点I0.0闭合 → 线圈M0.0得电并自锁 → M0.0常开触点闭合 → {T37、T38、T39开始定时 / Q0.0得电 → 红灯亮

（2）当T37定时时间到 → {T37常闭触点断开 → 线圈Q0.0断电 → 红灯灭 / T37常开触点闭合 → 线圈Q0.1得电 → 绿灯亮

（3）当T38定时时间到 → {T38常闭触点断开 → 线圈Q0.1断电 → 绿灯灭 / T38常开触点闭合 → 线圈Q0.2得电 → 黄灯亮

（4）当T39定时时间到 → T39常闭触点断开 → {线圈Q0.2断电 → 黄灯灭 / T37、T38、T39断电

此后重复上述过程，不再赘述

图 5-3　三只小灯循环点亮梯形图

由小灯的工作过程可知，该控制属于简单控制，因此首先构造启保停电路；又由于小灯每隔 2s 循环点亮，因此想到用 3 个定时器控制 3 盏小灯。

解法二如图 5-4 所示。解法二与解法一思路相似，不同之处在于：解法二采用了比较指令与定时器联用模式，这样可以节省定时器个数。

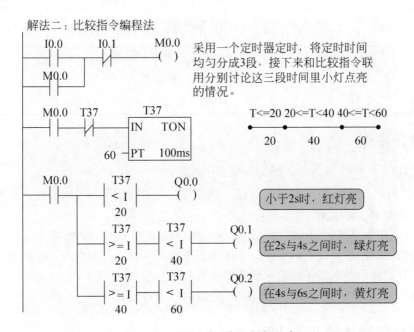

图 5-4　三只小灯循环点亮程序

重点提示

遇到有连续时间循环问题，如能巧用比较指令，会给编程带来极大的方便。

5.2 翻译设计法

5.2.1 翻译设计法简述

PLC 使用与继电器电路极为相似的语言，如果将继电器控制系统改造为 PLC 控制系统，根据继电器电路图设计梯形图是一条捷径。因为原有的继电器控制系统经长期的使用和考验，已有一套自己的完整方案。鉴于继电器电路图与梯形图有很多相似之处，因此可以将经过验证的继电器电路直接转换为梯形图，这种方法被称为翻译设计法。

该方法的使用一般不需要改变控制面板，保持了系统的原有外部特征，操作人员不需改变原有的操作习惯，给操作人员带来了极大的方便。

继电器电路符号与梯形图电路符号对应情况，如表 5-1 所示。

表 5-1 继电器电路符号与梯形图电路符号对照表

梯形图电路			继电器电路	
元件	符号	常用地址	元件	符号
常开触点	─┤├─	I、Q、M、T、C	按钮、接触器、时间继电器、中间继电器的常开触点	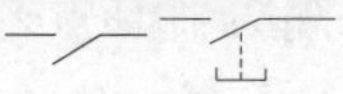
常闭触点	─┤/├─	I、Q、M、T、C	按钮、接触器、时间继电器、中间继电器的常闭触点	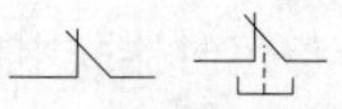
线圈	─( )─	Q、M	接触器、中间继电器线圈	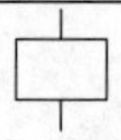
定时器	Tn ─IN TON ─PT 10ms	T	时间继电器	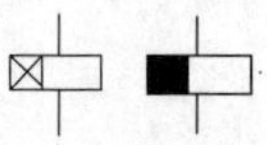

5.2.2 设计步骤

① 了解原系统的工艺要求，熟悉继电器电路图。

② 确定 PLC 的输入信号和输出负载，以及与它们对应的梯形图中的输入位和输出位的地址，画出 PLC 外部接线图。

③ 将继电器电路图中的时间继电器、中间继电器用 PLC 的辅助继电器、定时器代替，并赋予它们相应的地址；以上两步建立了继电器电路元件与梯形图编程元件的对应关系，继电器电路符号与梯形图电路符号的对照表如表 5-1 所示。

④ 根据上述关系画出全部梯形图，并予以简化和修改。

5.2.3 使用翻译法的几点注意

（1）应遵守梯形图的语法规则

在继电器电路中触点可以在线圈的左边，也可以在线圈的右边，但在梯形图中，线圈必须在最右边；如图 5-5 所示。

（2）设置中间单元

在梯形图中，若多个线圈受某一触点串、并联电路的控制，为了简化电路，可设置辅助继电器作为中间单元；如图 5-6 所示。

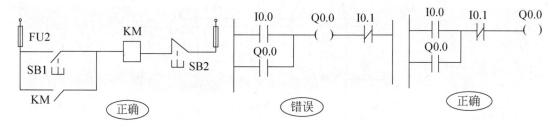

图 5-5　继电器电路与梯形图书写语法对照

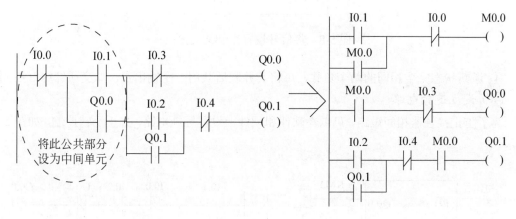

图 5-6　设置中间单元

（3）尽量减少 I/O 点数

PLC 的价格与 I/O 点数有关，减少 I/O 点数意味着可以降低成本，减少 I/O 点数具体措施如下。

① 几个常闭串联或常开并联的触点可合并后与 PLC 相连，只占一个输入点；如图 5-7 所示。

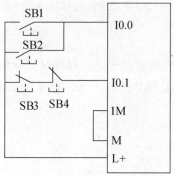

图 5-7　输入点合并

② 利用单按钮启停电路，使启停控制只通过一个按钮来实现，既可节省 PLC 的 I/O 点数，又可减少按钮和接线。

③ 系统某些输入信号功能简单、涉及面窄，没有必要作为 PLC 的输入，可将其设置在 PLC 外部硬件电路中，如手动按钮、热继电器的常闭触点等如图 5-8 所示。

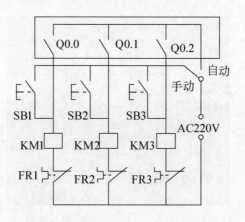

图 5-8　将信号设置在 PLC 之外

④ 通断状态完全相同的两个负载，可将其并联后共用一个输出点，如交通红绿灯控制。

（4）设立连锁电路

为了防止接触器相间短路，可以在软件和硬件上设置互锁电路，如正反转控制，如图 5-9 所示。

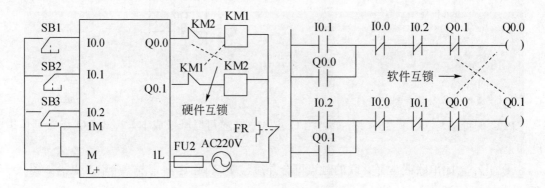

图 5-9　硬件与软件互锁

（5）外部负载额定电压

PLC 的两种输出模块（继电器输出模块、双向晶闸管模块）只能驱动额定电压最高为 AC220V 的负载，若原系统中的接触器线圈为 AC380V，应将其改成线圈为 AC220V 的接触器或者设置外部中间继电器。

5.2.4　应用举例

例 1：三相异步电动机两地控制电路，如图 5-10 所示。

设计过程：

① 了解原系统的工艺要求，熟悉继电器电路图；两地控制是基于操作方便的考虑，常常在两地设置启、停按钮，这样操作人员可以在两个地点对主控电机进行操作。当按下启动按钮 SB1 或 SB2 时，电动机启动并连续运行；按下停止按钮 SB3 或 SB4 时，电动机停转；

② 确定 I/O 点数，并画出外部接线图，I/O 分配如表 5-2 所示，外部接线图如图 5-11 所示。

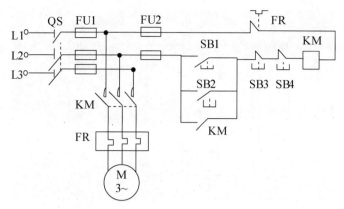

图 5-10　三相异步电动机两地控制电路

表 5-2　两地控制的 I/O 分配

输入量		输出量	
启动按钮 SB1	I0.0	接触器 KM	Q0.0
启动按钮 SB2	I0.1		
停止按钮 SB3	I0.2		
停止按钮 SB4	I0.3		
热继电器 FR	I0.4		

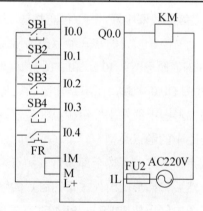

图 5-11　两地控制的外部接线图

③ 将继电器电路翻译成梯形图，如图 5-12，图 5-13 所示。

解法一：

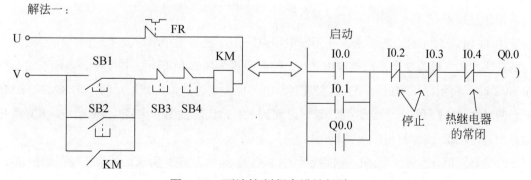

图 5-12　两地控制程序设计解法一

解法二：

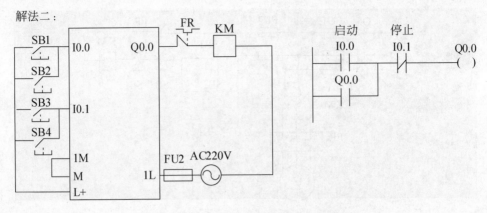

图 5-13   两地控制程序设计解法二

　　PLC 的系统设计既要考虑硬件又要考虑软件，解法一文章作在软件上，相对翻译比较直接，但比较浪费 PLC 的输入点；解法二文章作在硬件上，它采用了按钮并联的方式，比较节省输入点数，热继电器 FR 的辅助触点只出现一次且与负载 KM 线圈串联，因此可将其放置在 PLC 硬件电路中。

　　需要说明的是，输入信号常闭触点的处理方法。前面介绍的梯形图的设计方法，假设的前提是输入信号由常开触点提供，但在实际中，有些信号只能由常闭触点提供，如停止按钮。在继电器电路中，停止按钮与接触器线圈串联，按下停止按钮，接触器线圈断电。若将图 5-11 中接在 PLC 输入端 I0.2、I0.3 处的停止按钮的常开触点改为常闭触点，未按停止按钮时它是闭合的即 I0.2、I0.3 的状态为 ON，梯形图中 I0.2、I0.3 的常开触点应闭合。显然在图 5-12 中 I0.2、I0.3 应该是常开触点与线圈 Q0.0 串联，而不是常闭触点与线圈 Q0.0 串联。这样一来，继电器电路图中的停止按钮与梯形图中的停止按钮触点类型恰好相反，给电路分析带来不便。

　　为了使梯形图与继电器电路中的触点类型一致，在编程时建议尽量使用常开触点作为输入信号。如果某信号为常闭触点输入时，可按全部为常开触点来设计梯形图，这样可将继电器电路图直接翻译为梯形图，然后将梯形图中外接常闭触点的输入位常开变常闭，常闭变常开。如解法一所示，外部接线图中停止按钮 SB3、SB4 改为常开，那么梯形图中与之对应的 I0.2、I0.3 为常闭，这样继电器电路图恰好能直接翻译为梯形图。

　　例 2：延边三角形启动，如图 5-14 所示。

　　设计过程：

　　① 了解原系统的工艺要求，熟悉继电器电路图；延边三角形启动是一种特殊的减压启动的方法，其电机为 9 个头的感应电动机，控制原理如图 5-14 所示。在图中，当按下启动按钮 SB2 时，接触器 KM1、KM3 线圈吸合，电动机为延边三角形减压启动；在 KM1、KM3 吸合的同时，KT 线圈也吸合延时，延时时间到 KT 常闭触点断开 KM3 线圈断电，KT 常开触点闭合，KM2 线圈得电，电动机角接运行。

　　② 确定 I/O 点数，并画出外部接线图，I/O 分配如表 5-3 所示，外部接线图如图 5-15 所示。

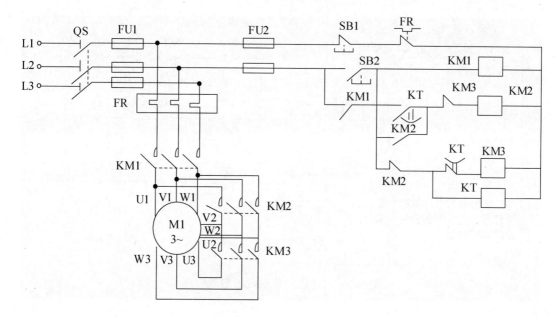

图 5-14　延边三角形启动

表 5-3　延边三角形启动的 I/O 分配

输入量		输出量	
启动按钮 SB2	I0.0	接触器 KM1	Q0.0
停止按钮 SB1	I0.1	接触器 KM2	Q0.1
热继电器 FR	I0.2	接触器 KM3	Q0.2

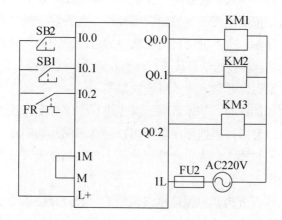

图 5-15　延边三角形启动的外部接线图

③ 将继电器电路翻译成梯形图并化简，如图 5-16 所示。

④ 案例解析：

按下启动按钮常开触点 I0.0 闭合，辅助继电器 M0.0 线圈得电并自锁，输出继电器 Q0.0、Q0.2 线圈得电，同时定时器 T37 定时，当定时时间 3s 到，输出继电器 Q0.1 线圈得电，Q0.1 常闭触点断开，Q0.2 线圈断电，同时定时器 T37 也停止定时。

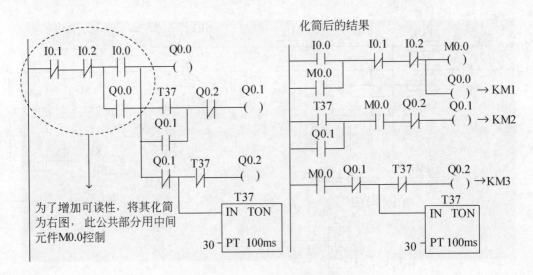

图 5-16 延边三角形减压启动程序

5.3 顺序控制设计法

采用经验设计法设计梯形图程序时，由于经验设计法本身没有一套固定的方法可循，且在设计过程中又存在着较大的试探性和随意性，给一些复杂程序的设计带来了很大的困难。即使勉强设计出来了，对于程序的可读性、时间的花费和设计结果来说，也不尽如人意。鉴于此，本节将介绍一种有规律且比较通用的方法——顺序控制设计法。

顺序控制设计法是指按照生产工艺预先规定顺序，在各输入信号作用下，根据内部状态和时间顺序，使生产过程各个执行机构自动有秩序的进行操作的一种方法。该方法是一种比较简单且先进的方法，很容易被初学者接受，对于有经验的工程师来说，也会提高设计效率，对于程序的调试和修改来说也非常方便，可读性很高。

使用顺序顺序控制设计法时，基本步骤：首先进行 I/O 分配；接着根据控制系统的工艺要求，绘制顺序功能图；最后，根据顺序功能图设计梯形图。其中在顺序功能图的绘制中，往往是根据控制系统的工艺要求，将生产过程的一个周期划分为若干个顺序相连的阶段，每个阶段都对应顺序功能图一步。

顺序控制设计法大致可分为：启保停电路编程法、置位复位指令编程法、顺序控制继电器指令编程法和移位寄存器指令编程法。本节将根据顺序功能图的基本结构的不同，对以上四种方法进行详细讲解。

5.3.1 单序列编程

案例：冲床的运动控制。

（1）控制要求

如图 5-17 所示为某冲床的运动示意图。初始状态机械手在最左边，左限位 SQ1 压合，机械手处于放松状态（机械手的放松与夹紧受电磁阀控制，松开电磁阀失电，夹紧电磁阀得电），冲头在最上面，上限位 SQ2 压合；当按下启动按钮 SB 时，机械手夹紧工件并保持，3s 后机械手右行，当碰到右限位 SQ3 后，机械手停止运动，同时冲头下行；当碰到下限位 SQ4 后，冲头上行；冲头碰到上限位 SQ2 后，停止运动，同时机械手左行；当机械手碰到左限位 SQ1 后，机械手放松，延时 4s 后，系统返回到初始状态。

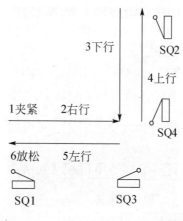

图 5-17　某冲床的运动示意图

（2）程序设计

① 根据控制要求，进行 I/O 分配，如表 5-4 所示。

表 5-4　冲床的运动控制的 I/O 分配

输入量		输出量	
启动按钮 SB	I0.0	机械手电磁阀	Q0.0
左限位 SQ1	I0.1	机械手左行	Q0.1
右限位 SQ3	I0.2	机械手右行	Q0.2
上限位 SQ2	I0.3	冲头上行	Q0.3
下限位 SQ4	I0.4	冲头下行	Q0.4

② 根据控制要求，绘制顺序功能图，如图 5-18 所示。
③ 将顺序功能图转化为梯形图。

解法一：启保停电路编程法

　　启保停电路编程法，其中间编程元件为辅助继电器 M，在梯形图中，为了实现当前级步为活动步且满足转换条件成立时，才进行步的转换，总是将代表前级步的辅助继电器的常开触点与对应的转换条件触点串联，作为激活后续步辅助继电器的启动条件；当后续步被激活，对应的前级步停止，所以用代表后续步的辅助继电器的常闭触点与前级步的电路串联作为停止条件，电路模式如图 5-19 所示。

　　冲床的运动控制解法一的梯形图如图 5-20 所示。

　　以 M0.0 步为例，介绍顺序功能图转化为梯形图的过程。从图 5-18 顺序功能图中不难看出，M0.0 的一个启动条件为 M0.6 的常开触点和转换条件 T38 的常开触点组成的串联电路；

此外 PLC 刚运行时，应将初始步 M0.0 激活，否则系统无法工作，所以初始化脉冲 SM0.1 为 M0.0 的另一个启动条件，这两个启动条件应并联。为了保证活动状态能持续到下一步活动为止，还需并上 M0.0 的自锁触点。当 M0.0、I0.0、I0.1、I0.3 的常开触点同时为 1 时，步 M0.1 变为活动步，M0.0 变为不活动步，因此将 M0.1 的常闭触点串入 M0.0 的回路中作为停止条件。此后 M0.1～M0.6 步梯形图的转换与 M0.0 步梯形图的转换一致。

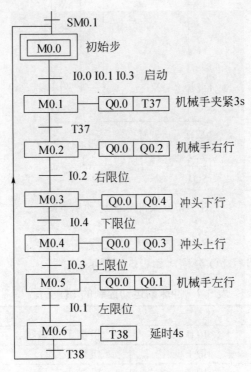

图 5-18　某冲床控制的顺序功能图

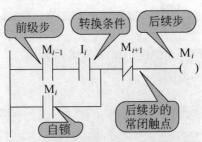

口诀：前级步为活动步，满足转换条件，程序立刻跳转到下一步；当后续步为活动步时前级步停止

图 5-19　启保停电路电路模式

下面介绍顺序功能图转化为梯形图时输出电路的处理方法，分以下两种情况讨论：

① 某一输出量仅在某一步中为接通状态，这时可以将输出量线圈与辅助继电器线圈直接并联，也可以用辅助继电器的常开触点与输出量线圈串联。图 5-20 中，Q0.1、Q0.2、Q0.3、

Q0.4 分别仅在 M0.5、M0.2、M0.4、M0.3 步出现一次，因此将 Q0.1、Q0.2、Q0.3、Q0.4 的线圈分别与 M0.5、M0.2、M0.4、M0.3 的线圈直接并联。

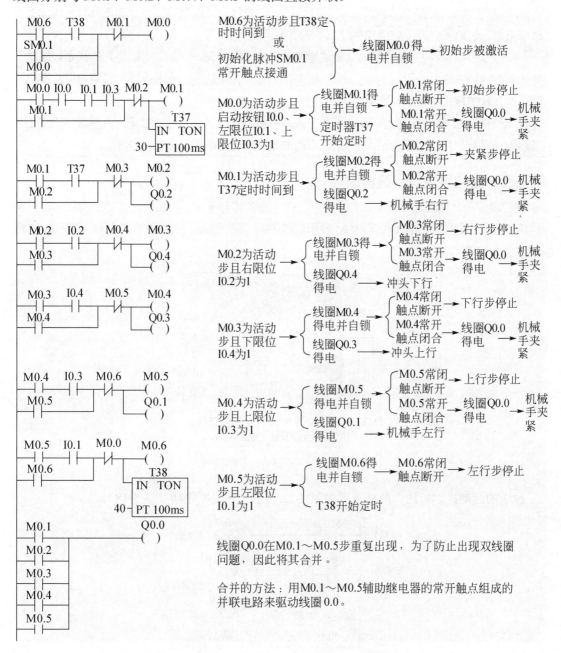

图 5-20　冲床的运动控制的启保停电路编程法

② 某一输出量在多步中都为接通状态，为了避免双线圈问题，将代表各步的辅助继电器的常开触点并联后，驱动该输出量线圈。图 5-20 中，线圈 Q0.0 在 M0.1～M0.5 这 3 步均接通了，为了避免双线圈输出，所以用辅助继电器 M0.1～M0.5 的常开触点组成的并联电路来驱动线圈 Q0.0。

① 在使用启保停电路编程时，要注意最后一步的常开触点与转换条件的常开触点组成的串联电路、初始化脉冲、触点自锁这三者的并联问题；

② 在使用启保停电路编程时，要注意某一输出量仅出现一次时，可以将它的线圈与辅助继电器的线圈并联，也可以用辅助继电器的常开触点来驱动该输出量线圈，采用与辅助继电器线圈并联的方式比较节省网络；

③ 在使用启保停电路编程时，如果出现双线圈问题，务必合并双线圈，否则程序无法正常运行；采取合并的措施为用 M 常开触点组成的并联电路来驱动输出量线圈。

解法二：置位复位指令编程法

置位复位指令编程法，其中间编程元件仍然是辅助继电器 M，当前级步为活动步且满足转换条件的情况下，后续步的辅助继电器 M 被置位(激活)，同时前级步的辅助继电器 M 被复位，电路模式如图 5-21 所示。

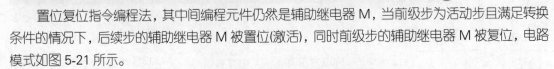

口诀：前级步为活动步，满足转换条件，后续步置位，同时前级步复位。

图 5-21　置位复位的电路模式

冲床的运动控制解法二的梯形图如图 5-22 所示（参照顺序功能图 5-18）。

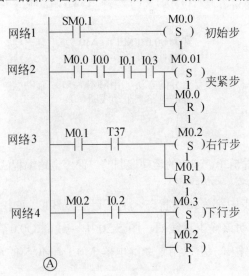

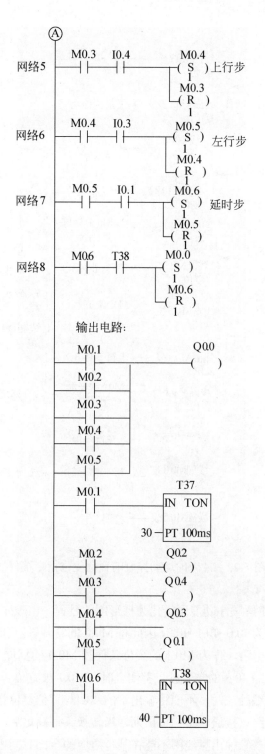

程序解析:

网络1 首个扫描周期将初始步激活

网络2 M0.0为活动步且启动按钮
I0.0、左限位I0.1、上限位
I0.3为1

线圈M0.1被置位 → M0.1常开触点闭合 → 线圈Q0.0得电 → 机械手夹紧
线圈M0.1被置位 → M0.1常开触点闭合 → 定时器T37开始定时

线圈M0.0被复位 → 初始步停止

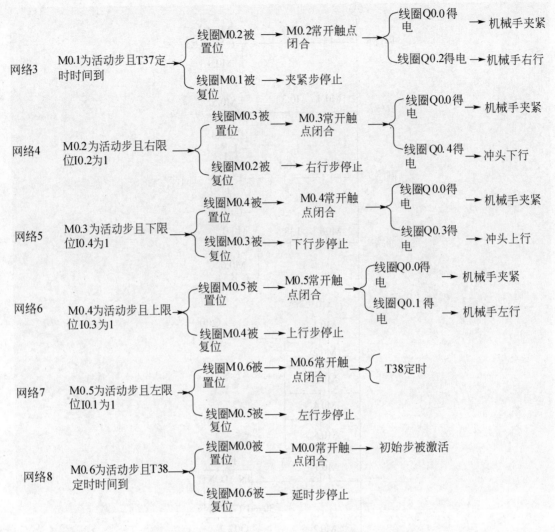

图 5-22　冲床的运动控制的置位复位指令编程法

以 M0.1 步为例，讲解顺序功能图转化为梯形图的过程。由顺序功能图可知，M0.1 的前级步为 M0.0，转换条件为 I0.0·I0.1·I0.3，因此将 M0.0 的常开触点和转换条件 I0.0·I0.1·I0.3 的常开触点串联组成的电路，作为 M0.1 的置位条件和 M0.0 的复位条件，当 M0.0 的常开触点和转换条件 I0.0·I0.1·I0.3 的常开触点都闭合时，M0.1 被置位，同时 M0.0 被复位。

使用置位复位指令编程法时，不能将输出量的线圈与置位复位指令直接并联，原因在于置位复位指令所在的电路只接通一个扫描周期，当转换条件满足后前级步马上被复位，该串联电路立即断开，这样一来输出量线圈不能在某步对应的全部时间内接通。鉴于此，在处理梯形图输出电路时，用代表步的辅助继电器的常开触点或者常开触点的并联电路来驱动输出量线圈。图 5-22 中，Q0.1、Q0.2、Q0.3、Q0.4 分别用 M0.5、M0.2、M0.4、M0.3 的常开触点驱动，而 Q0.0 在 M0.1～M0.5 这三步都出现，为了防止出现双线圈问题，所以用辅助继电器 M0.1～M0.5 常开触点组成的并联电路来驱动线圈 Q0.0。

解法三：顺序控制继电器指令编程法

顺序控制继电器指令编程法是专门为编制顺序控制程序所设计的方法，其中间编程元件必须是顺序控制继电器 S，使用顺序控制继电器指令，在顺序功能图转化为梯形图时，需完成以下四步，电路模式如图 5-23 所示。

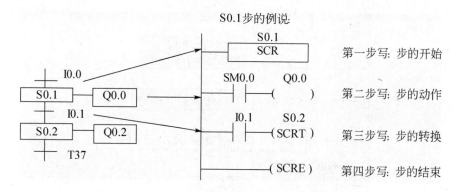

图 5-23　顺序控制继电器的电路模式

冲床的运动控制解法三的梯形图如图 5-24 所示。

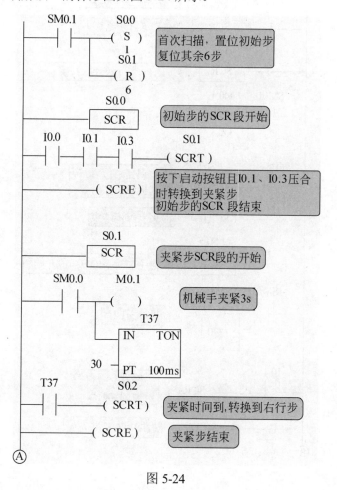

图 5-24

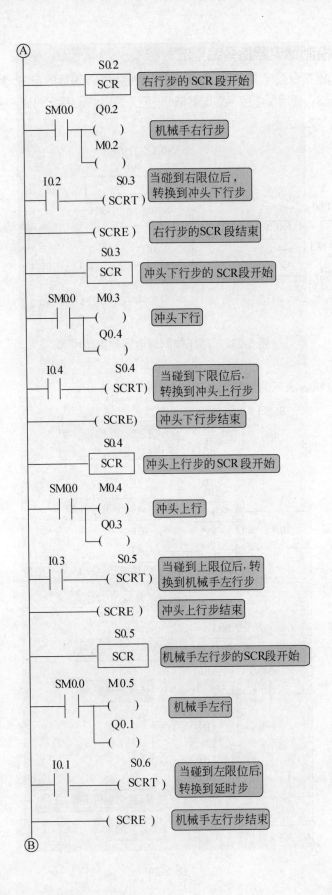

Ⓐ

	S0.2	
	SCR	右行步的 SCR 段开始

SM0.0　Q0.2
　‖　（ ）　机械手右行步
　　　　M0.2
　　　　（ ）

I0.2　　S0.3　当碰到右限位后，
　‖　（SCRT ）转换到冲头下行步

　　（SCRE ）右行步的 SCR 段结束

	S0.3	
	SCR	冲头下行步的 SCR 段开始

SM0.0　M0.3
　‖　（ ）　冲头下行
　　　　Q0.4
　　　　（ ）

I0.4　　S0.4　当碰到下限位后，
　‖　（SCRT）转换到冲头上行步

　　（SCRE）冲头下行步结束

	S0.4	
	SCR	冲头上行步的 SCR 段开始

SM0.0　M0.4
　‖　（ ）　冲头上行
　　　　Q0.3
　　　　（ ）

I0.3　　S0.5　当碰到上限位后，转
　‖　（SCRT ）换到机械手左行步

　　（SCRE ）冲头上行步结束

	S0.5	
	SCR	机械手左行步的 SCR 段开始

SM0.0　M0.5
　‖　（ ）　机械手左行
　　　　Q0.1
　　　　（ ）

I0.1　　S0.6　当碰到左限位后，
　‖　（SCRT ）转换到延时步

　　（SCRE ）机械手左行步结束

Ⓑ

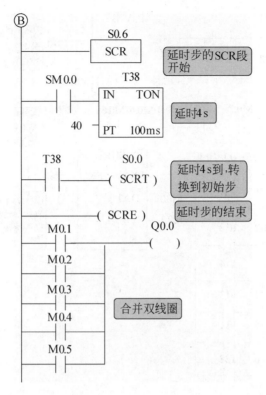

图 5-24 冲床的运动控制的顺序控制继电器指令编程法

重点提示

使用顺序控制继电器指令编程法时，和前面介绍的两种方法一样，也要注意双线圈的合并问题。

解法四：移位寄存器指令编程法

单序列顺序功能图中的各步总是顺序通断，且每一时刻只有一步接通，因此可以用移位寄存器指令进行编程。使用移位寄存器指令，在顺序功能图转化为梯形图时，需完成以下四步，如图 5-25 所示。

冲床的运动控制解法四的梯形图如图 5-26 所示（参照顺序功能图 5-18）。

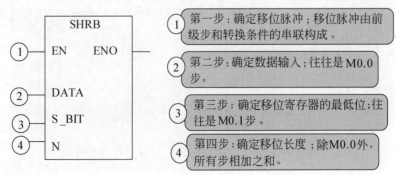

图 5-25 使用移位寄存器指令的编程步骤

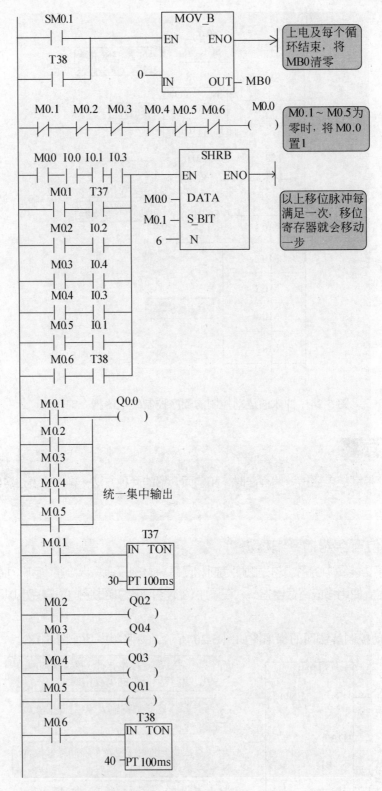

图 5-26　冲床的运动控制的移位寄存器指令编程法

图 5-26 梯形图中，用移位寄存器 M0.1～M0.6 这 6 位代表夹紧、右行、下行、上行、左

行、延时 6 步。移位寄存器的移位输入端由若干串联电路并联而成，每条串联电路由某一步的辅助继电器的常开触点和对应的转换条件组成。网络 1 和网络 2 的作用是使 M0.1～M0.6 清零，使 M0.0 置 1。M0.0 置 1 使数据输入端 DATA 移入 1。当左限位 I0.1、上限位 I0.3 为 1 时，按下启动按钮 I0.0，移位输入电路第一行接通，使 M0.0 中的 1 移入 M0.1 中，M0.1 被激活，M0.1 的常开触点使输出量 T37、Q0.0 接通，机械手夹紧 2s。同理，各转换条件 T37、I0.2、I0.4、I0.3、I0.1、T38 接通产生的移位脉冲使 1 状态向下移动，并最终返回 M0.0。在整个过程中，M0.1～M0.6 接通，它们的相应常闭触点断开，使接在移位寄存器数据输入端 DATA 的 M0.0 总是断开的，直到 T38 接通产生移位脉冲使 1 溢出。T38 接通产生移位脉冲另一个作用是使 M0.1～M0.6 清零，这时网络 2M0.0 所在的电路再次接通，使数据输入端 DATA 移入 1，当再按下启动按钮 I0.0 时，系统重新开始运行。

5.3.2 选择序列编程

案例：信号灯控制。

（1）控制要求

按下启动按钮 SB，红、绿、黄三只小灯每隔 10s 循环点亮，若选择开关在 1 位置，小灯只执行一个循环；若选择开关在 0 位置，小灯不停地执行"红→绿→黄"循环。

（2）程序设计

① 根据控制要求，进行 I/O 分配，如表 5-5 所示。

表 5-5 信号灯控制的 I/O 分配

输入量		输出量	
启动按钮 SB	I0.0	红灯	Q0.0
选择开关	I0.1	绿灯	Q0.1
		黄灯	Q0.2

② 根据控制要求，绘制顺序功能图，如图 5-27 所示。

③ 将顺序功能图转化为梯形图。

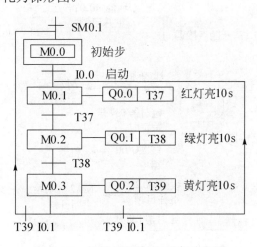

图 5-27 信号灯控制的顺序功能图

信号灯控制解法一的梯形图如图 5-28 所示。

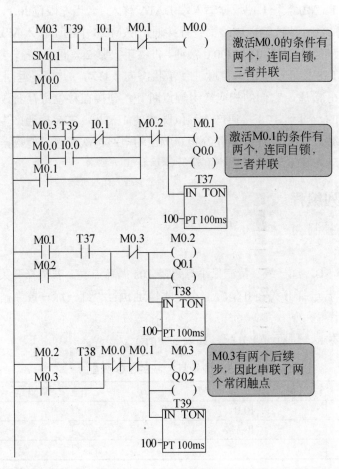

激活M0.0的条件有两个，连同自锁，三者并联

激活M0.1的条件有两个，连同自锁，三者并联

M0.3有两个后续步，因此串联了两个常闭触点

程序解析：

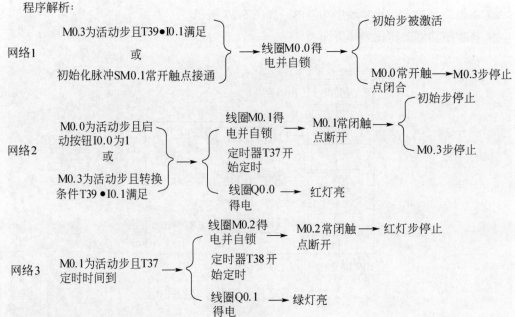

网络1

M0.3为活动步且T39•I0.1满足
或
初始化脉冲SM0.1常开触点接通
}→ 线圈M0.0得电并自锁 →
初始步被激活

M0.0常开触点闭合 →M0.3步停止

网络2

M0.0为活动步且启动按钮I0.0为1
或
M0.3为活动步且转换条件T39•I0.1满足
}→
线圈M0.1得电并自锁 → M0.1常闭触点断开 →
初始步停止

M0.3步停止

定时器T37开始定时

线圈Q0.0得电 → 红灯亮

网络3

M0.1为活动步且T37定时时间到 →
线圈M0.2得电并自锁 → M0.2常闭触点断开 → 红灯步停止

定时器T38开始定时

线圈Q0.1得电 → 绿灯亮

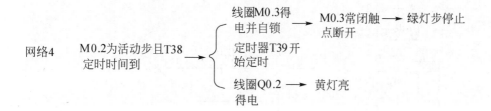

图 5-28　信号灯控制的启保停电路编程法

选择序列顺序功能图转化为梯形图的关键点在于分支处和合并处程序的处理，其余部分与单序列的处理方法一致。

① 选择序列分支处的处理方法：图 5-27 中步 M0.3 之后有一个选择序列的分支，设 M0.3 为活动步，当它的后续步 M0.0 或 M0.1 为活动步时，它应变为不活动步，所以在图 5-28 梯形图中将 M0.0 和 M0.1 的常闭触点与 M0.3 的线圈串联。

重点提示

若某步后有一个由 N 条分支组成的选择程序，该步可能转换到不同的 N 步去，则应将这 N 个后续步对应的辅助继电器的常闭触点与该步线圈串联，作为该步的停止条件。

② 选择序列合并处的处理方法：图 5-27 中步 M0.1 之前有一个选择序列的合并，当步 M0.0 为活动步且转换条件 I0.0 满足或 M0.3 为活动步且转换条件 $T39 \cdot \overline{I0.1}$ 满足，步 M0.1 应变为活动步，即在图 5-28 梯形图中 M0.2 的启动条件为 $M0.0 \cdot I0.1 + M0.3 \cdot T39 \cdot \overline{I0.1}$，对应的启动电路由两条并联分支组成，并联支路分别由 M0.0、I0.0 和 M0.3、$T39 \cdot \overline{I0.1}$ 的触点串联组成。

重点提示

对于选择程序的合并，若某步之前有 N 个转换，即有 N 条分支进入该步，则控制代表该步的辅助继电器的启动电路由 N 条支路并联而成，每条支路都由前级步辅助继电器的常开触点与转换条件的触点构成的串联电路组成。

特别的，当某顺序功能图中含有仅由两步构成的小闭环时，处理方法如下。

① 问题分析：图 5-29 中，当 M0.5 为活动步且转换条件 I1.0 接通时，线圈 M0.4 本来应该接通，但此时与线圈 M0.4 串联的 M0.5 常闭触点为断开状态，故线圈 M0.4 无法接通。出现这样问题的原因在于 M0.5 既是 M0.4 的前级步，又是 M0.4 后续步。

② 处理方法：在小闭环中增设步 M1.0，如图 5-30 所示。步 M1.0 在这里只起到过渡作用，延时时间很短（一般说来应取延时时间在 0.1s 以下），对系统的运行无任何影响。

解法二：置位复位指令编程法

信号灯控制解法二的梯形图如图 5-31 所示（参照顺序功能图 5-27）。

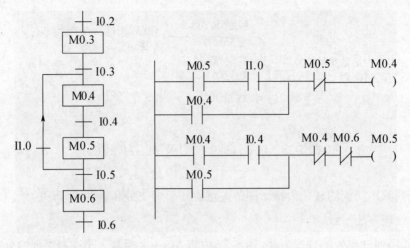

图 5-29　仅由两步组成的小闭环

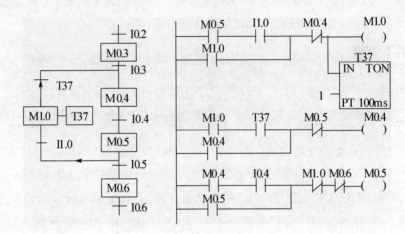

图 5-30　处理方法

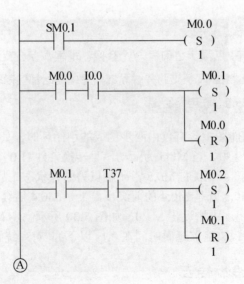

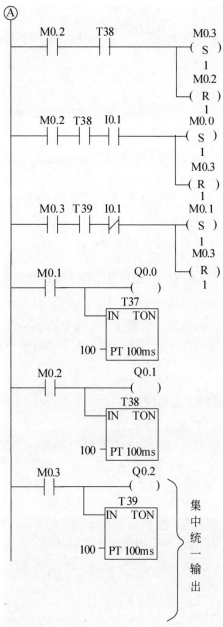

程序解析：

网络1 首个扫描周期将初始步激活

网络2 M0.0为活动步且启动按钮I0.0

网络3 M0.1为活动步且T37定时时间到

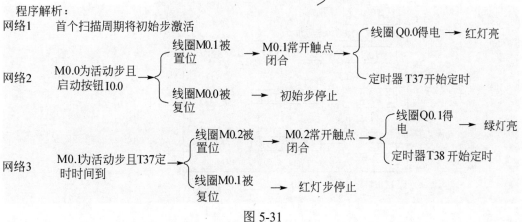

图 5-31

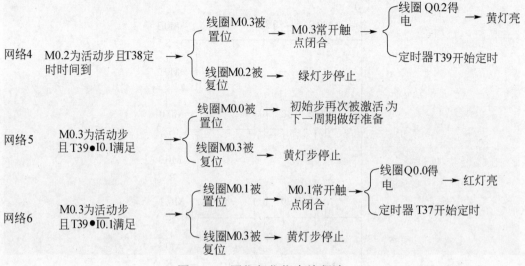

网络4 M0.2为活动步且T38定时时间到 → 线圈M0.3被置位 → M0.3常开触点闭合 → 线圈Q0.2得电 → 黄灯亮

定时器T39开始定时

线圈M0.2被复位 → 绿灯步停止

网络5 M0.3为活动步且T39•I0.1满足 → 线圈M0.0被置位 → 初始步再次被激活,为下一周期做好准备

线圈M0.3被复位 → 黄灯步停止

网络6 M0.3为活动步且T39•$\overline{I0.1}$满足 → 线圈M0.1被置位 → M0.1常开触点闭合 → 线圈Q0.0得电 → 红灯亮

定时器T37开始定时

线圈M0.3被复位 → 黄灯步停止

图 5-31 置位复位指令编程法

置位复位指令编程法又称以转换为中心的编程方法,该方法的核心是转换,每个转换都对应着一个控制置位和复位的电路块,有多少个转换就有多少个电路块,因此在处理分支处和合并处程序时,和处理单序列程序的方法一致,无需考虑多个前级步和后续步问题,只考虑转换即可。

解法三: 顺序控制继电器指令编程法

信号灯控制解法三的梯形图如图 5-32 所示。

① 选择序列分支处的处理方法: 图 5-32 中步 S0.3 后有一个选择序列分支,当 S0.3 状态为 1 时,S0.3 对应的 SCR 段被执行,若转换条件 T39·I0.1 满足,该程序中指令"SCRT S0.0"被执行,程序将转换到步 S0.0;若转换条件 T39•$\overline{I0.1}$满足,该程序中指令"SCRT S0.1"被执行,程序将转换到步 S0.1。

② 选择序列合并处的处理方法: 图 5-32 中步 S0.1 之前有一个选择序列的合并,当 S0.3 为 1 且转换条件 T39•$\overline{I0.1}$满足或当 S0.0 为 1 且转换条件 I0.0 满足,步 S0.0 应变为活动步。因此在步 S0.3 和步 S0.0 对应的程 SCR 段中,分别用 T39•$\overline{I0.1}$和 I0.0 的触点驱动指令"SCRT S0.1",即可实现选择序列的合并。

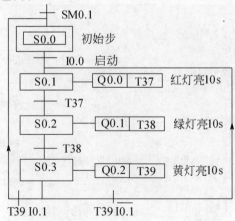

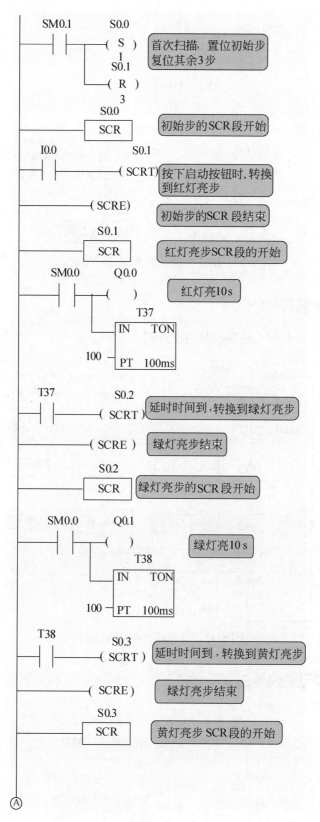

图 5-32

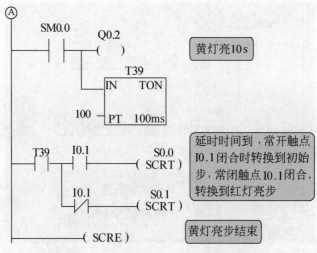

图 5-32　信号灯控制的 SCR 指令编程法

5.3.3　并行序列编程

案例：将图 5-33 的顺序功能图转化为梯形图。

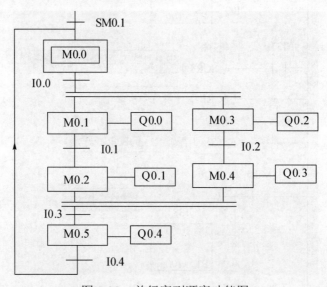

图 5-33　并行序列顺序功能图

解法一：启保停电路编程法

启保停电路编程法，如图 5-34 所示。

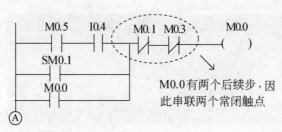

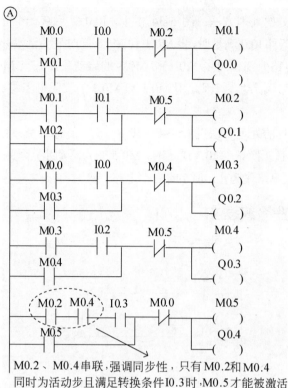

M0.2、M0.4串联,强调同步性,只有M0.2和M0.4
同时为活动步且满足转换条件I0.3时,M0.5才能被激活

程序解析:

网络1　　M0.5为活动步且I0.4满足
　　　　　　　　或
　　　　初始化脉冲SM0.1常开触点接通　→　线圈M0.0得电
　　　　　　　　　　　　　　　　　　　　　并自锁　→　初始步被激活

　　　　　　　　　　　　　　　　　　　　　　　　　　　M0.0常闭触　→　M0.5步停止
　　　　　　　　　　　　　　　　　　　　　　　　　　　点断开

网络2　　M0.0为活动步且I0.0
　　　　　为1　→　线圈M0.1得电　→　M0.1常闭触　→　初始步停止
　　　　　　　　　　　并自锁　　　　点断开
　　　　　　　　　　　线圈Q0.0
　　　　　　　　　　　得电

网络3　　M0.1为活动步且I0.1
　　　　　为1　→　线圈M0.2得电　→　M0.2常闭触　→　M0.1步停止
　　　　　　　　　　　并自锁　　　　点断开
　　　　　　　　　　　线圈Q0.1
　　　　　　　　　　　得电

网络4　　M0.0为活动步且I0.0
　　　　　为1　→　线圈M0.3得电　→　M0.3常闭触　→　初始步停止
　　　　　　　　　　　并自锁　　　　点断开
　　　　　　　　　　　线圈Q0.2
　　　　　　　　　　　得电

网络5　　M0.3为活动步且I0.2
　　　　　为1　→　线圈M0.4得电　→　M0.4常闭触　→　M0.3步停止
　　　　　　　　　　　并自锁　　　　点断开
　　　　　　　　　　　线圈Q0.3
　　　　　　　　　　　得电

网络6　　M0.3、M0.4为同时为
　　　　　活动步且I0.3为1　→　线圈M0.5得电　→　M0.5常闭触　→　M0.4步停止
　　　　　　　　　　　　　　　并自锁　　　　　点断开
　　　　　　　　　　　　　　　线圈Q0.4
　　　　　　　　　　　　　　　得电

图5-34　并行序列程序的启保停电路编程法

① 并行序列分支处的处理方法：图 5-34 中步 M0.0 之后有一个并行序列的分支，当步 M0.0 为活动步且转换条件 I0.0 满足时，步 M0.1 和 M0.3 同时变为活动步，因此用 M0.0 与 I0.0 常开触点组成的串联电路分别作为步 M0.1 和 M0.3 的启动条件；当 M0.1 和 M0.3 同时变为活动步时，M0.0 应变为不活动步，因此用 M0.1 和 M0.3 的常闭触点与线圈 M0.2 串联作为步 M0.2 的停止条件。

② 并行序列合并处的处理方法：图 5-34 中步 M0.5 之前有一个并行序列的合并，当 M0.2 和 M0.4 同时为活动步且转换条件 I0.3 满足时，M0.5 变为活动步，因此用 M0.2、M0.4 和 I0.3 的常开触点组成的串联电路作为步 M0.5 的启动电路。

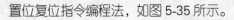

解法二：置位复位指令编程法

置位复位指令编程法，如图 5-35 所示。

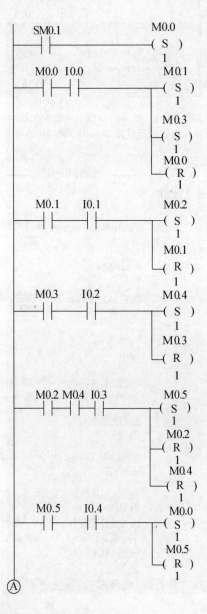

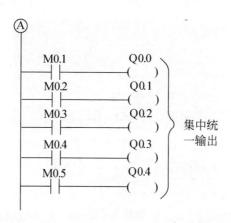

程序解析：

网络1　首个扫描周期将初始步激活

网络2　M0.0为活动I0.0为1

- 线圈M0.1被置位 → M0.1常开触点闭合 → 线圈Q0.0得电
- 线圈M0.3被置位 → M0.3常开触点闭合 → 线圈Q0.2得电
- 线圈M0.0被复位 → 初始步停止

网络3　M0.1为活动I0.1为1

- 线圈M0.2被置位 → M0.2常开触点闭合 → 线圈Q0.1得电
- 线圈M0.1被复位 → M0.1步停止 → Q0.0断电

网络4　M0.3为活动I0.2为1

- 线圈M0.4被置位 → M0.4常开触点闭合 → 线圈Q0.3得电
- 线圈M0.3被复位 → M0.3步停止 → Q0.2断电

网络5　M0.2、M0.4为活动 I0.3为1

- 线圈M0.5被置位 → M0.5常开触点闭合 → 线圈Q0.4得电
- 线圈M0.2被复位 → M0.2步停止 → Q0.1断电
- 线圈M0.4被复位 → M0.4步停止 → Q0.3断电

网络6　M0.5为活动I0.4为1

- 线圈M0.0被置位 → 初始步再次激活
- 线圈M0.5被复位 → M0.5步停止 → Q0.4断电

图 5-35　并行序列程序的置位复位指令编程法

① 并行序列分支处的处理方法：图 5-35 中步 M0.0 之后有一个并行序列的分支，当步 M0.0 为活动步且转换条件 I0.0 满足时，步 M0.1 和 M0.3 同时变为活动步，因此用 M0.0 与 I0.0 常开触点组成的串联电路作为步 M0.1 和 M0.3 的置位条件，同时也作为步 M0.0 复位条件。

② 并行序列合并处的处理方法：图 5-35 中步 M0.5 之前有一个并行序列的合并，当 M0.2 和 M0.4 同时为活动步且转换条件 I0.3 满足时，M0.5 变为活动步，同时 M0.2、M0.4 变为不活动步，因此用 M0.2、M0.4 和 I0.3 的常开触点组成的串联电路作为步 M0.5 的置位条件和步 M0.2、M0.4 的复位条件。

解法三：顺序控制继电器指令编程法

顺序控制继电器指令编程法，如图 5-36 所示。

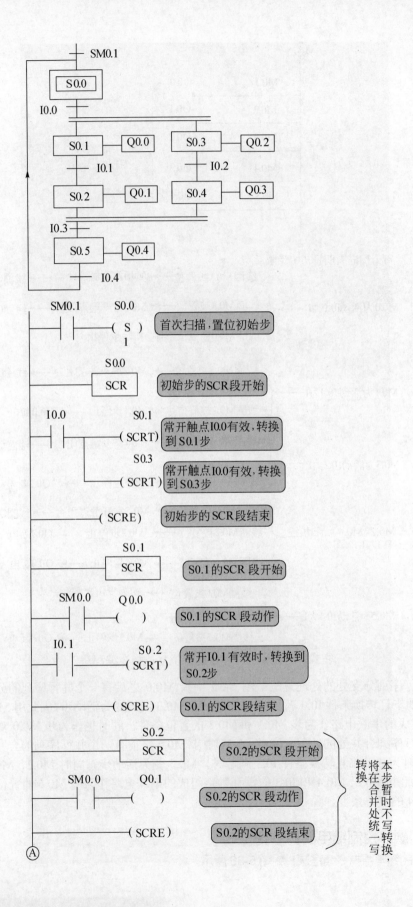

图解西门子 S7-200PLC 编程快速入门

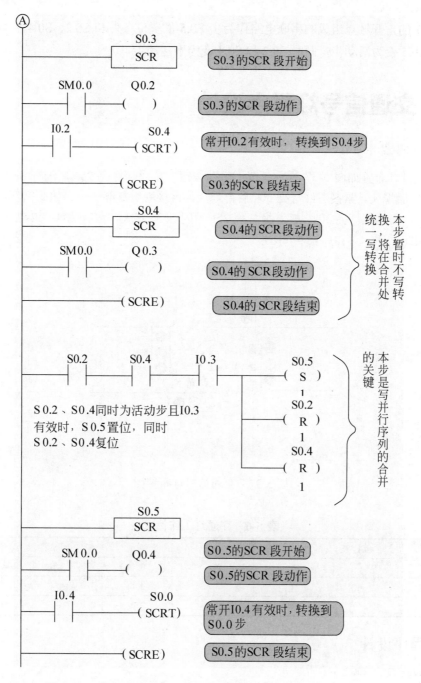

图 5-36　并行序列的 SCR 指令编程法顺序功能图与梯形图

①　并行序列分支处的处理方法：图 5-36 中步 S0.0 之后有一个并行序列的分支，当步 S0.0
为活动步且转换条件 I0.0 满足时，步 S0.1 和 S0.3 同时变为活动步，这时用 S0.0 对应的 SCR
段中 I0.0 的常开触点同时驱动指令"SCRT S0.1"和"SCRT S0.3"来实现转换。

②　并行序列合并处的处理方法：图 5-36 中步 S0.5 之前有一个并行序列的合并，当 S0.2
和 S0.4 同时为活动步且转换条件 I0.3 满足时，S0.5 变为活动步，同时 S0.2 和 S0.4 变为不活
动步。这时不用在 S0.2、S0.4 程序段中分别写转换，而是采用置位复位指令集中处理，用 S0.2、

S0.4 和 I0.3 的常开触点组成的串联电路作为步 S0.5 的置位条件和 S0.2、S0.4 的复位条件，从而使得 S0.5 变为活动步，同时 S0.2 和 S0.4 变为不活动步。

5.4　交通信号灯程序设计

5.4.1　控制要求

交通信号灯布置如图 5-37 所示。按下启动按钮，东西绿灯亮 25s 后闪烁 3s 后熄灭，然后黄灯亮 2s 后熄灭，紧接着红灯亮 30s 后再熄灭，再接着绿灯亮……，如此循环；在东西绿灯亮的同时，南北红灯亮 30s，接着绿灯亮 25s 后闪烁 3s 熄灭，然后黄灯亮 2s 后熄灭，红灯亮……，如此循环，具体如表 5-6 所示。

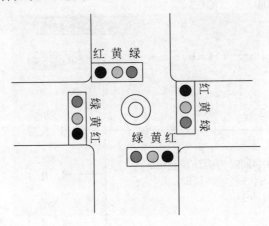

图 5-37　交通信号灯布置图

表 5-6　交通灯工作情况

东西	绿灯	绿闪	黄灯	红灯		
	25s	3s	2s	30s		
南北	红灯			绿灯	绿闪	黄灯
	30s			25s	3s	2s

5.4.2　程序设计

① I/O 分配，如表 5-7 所示。

表 5-7　交通信号灯 I/O 分配表

输入量		输出量	
启动按钮	I0.0	东西绿灯	Q0.0
停止按钮	I0.1	东西黄灯	Q0.1
		东西红灯	Q0.2
		南北绿灯	Q0.3
		南北黄灯	Q0.4
		南北红灯	Q0.5

② 绘制顺序功能图，如图 5-40 所示。
③ 将顺序功能图转化为梯形图。

解法一：经验设计法

经验设计法，如图 5-38 所示。

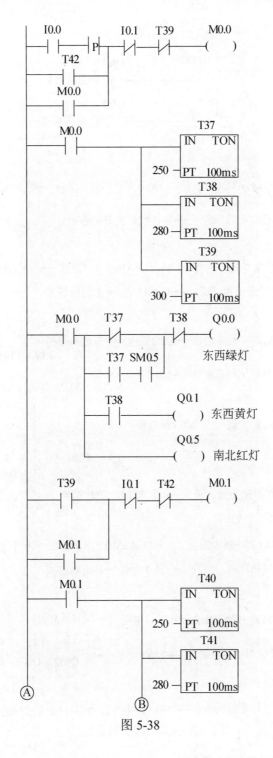

图 5-38

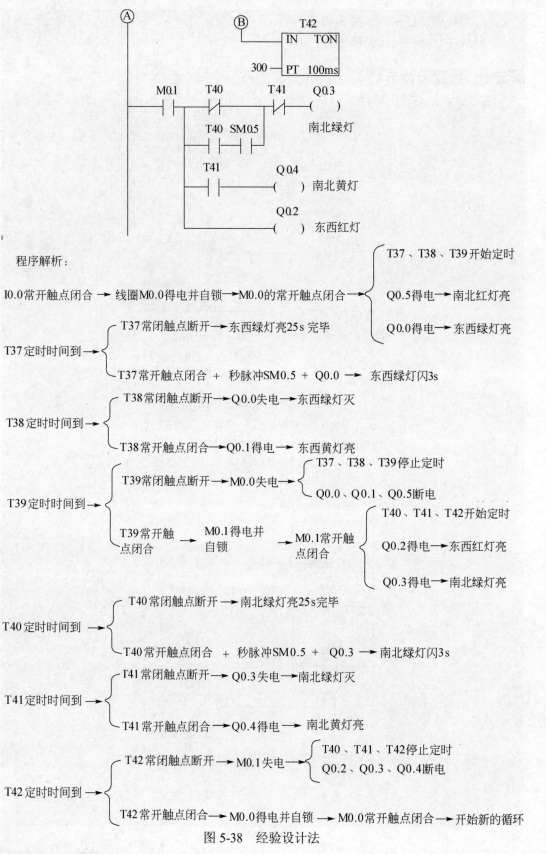

图 5-38 经验设计法

比较指令编程法，如图 5-39 所示。

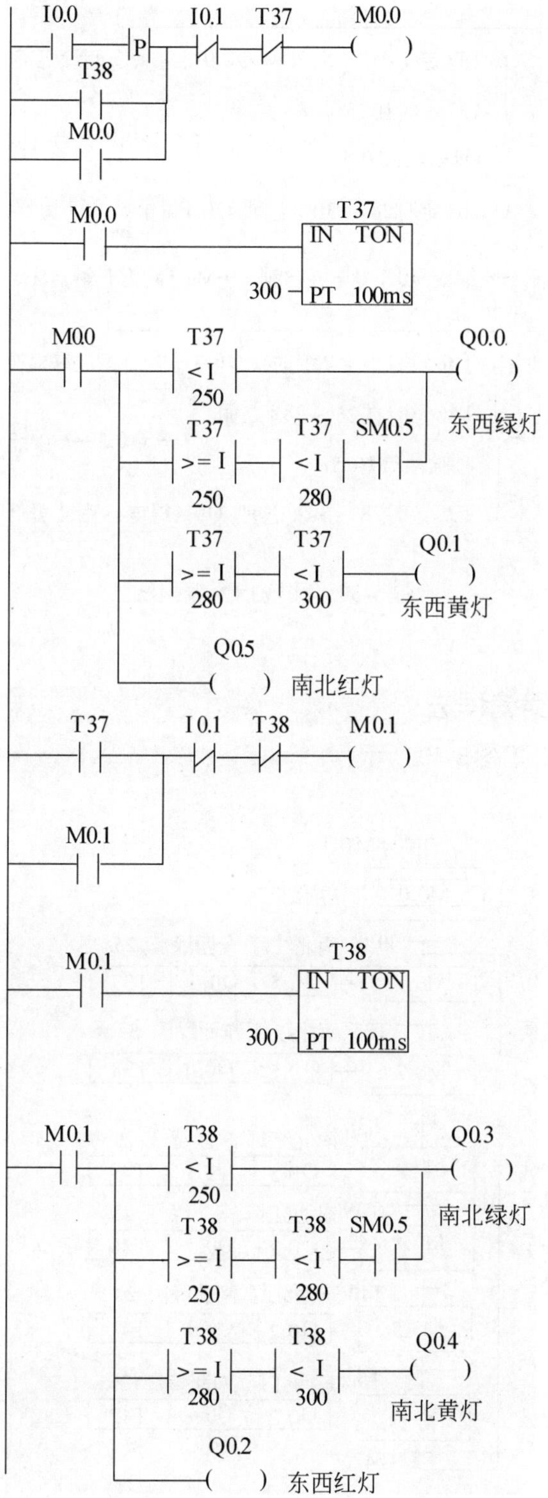

图 5-39

程序解析：

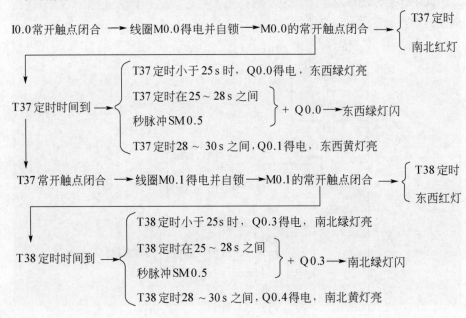

图 5-39 比较指令编程法

解法三：启保停电路编程法

启保停电路编程法，如图 5-40 所示。

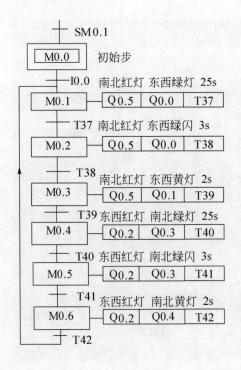

I0.1 N M0.1 M0.0 ( )
SM0.1
M0.0

M0.0 I0.0 P I0.1 M0.2 M0.1 ( )
M0.6 T42
M0.1
T37
IN TON
250 PT 100ms

M0.1 T37 I0.1 M0.3 M0.2 ( )
M0.2
T38
IN TON
30 PT 100ms

M0.2 T38 I0.1 M0.4 M0.3 ( )
M0.3
T39
IN TON
20 PT 100ms

M0.3 T39 I0.1 M0.5 M0.4 ( )
M0.4
T40
IN TON
250 PT 100ms

M0.4 T40 I0.1 M0.6 M0.5 ( )
M0.5
T41
IN TON
30 PT 100ms

M0.5 T41 I0.1 M0.1 M0.6 ( )
M0.6
T42
IN TON
20 PT 100ms

M0.2 SM0.5 Q0.0 ( ) 东西绿灯
M0.1

Ⓐ

第 5 章 PLC 程序设计常用方法

187

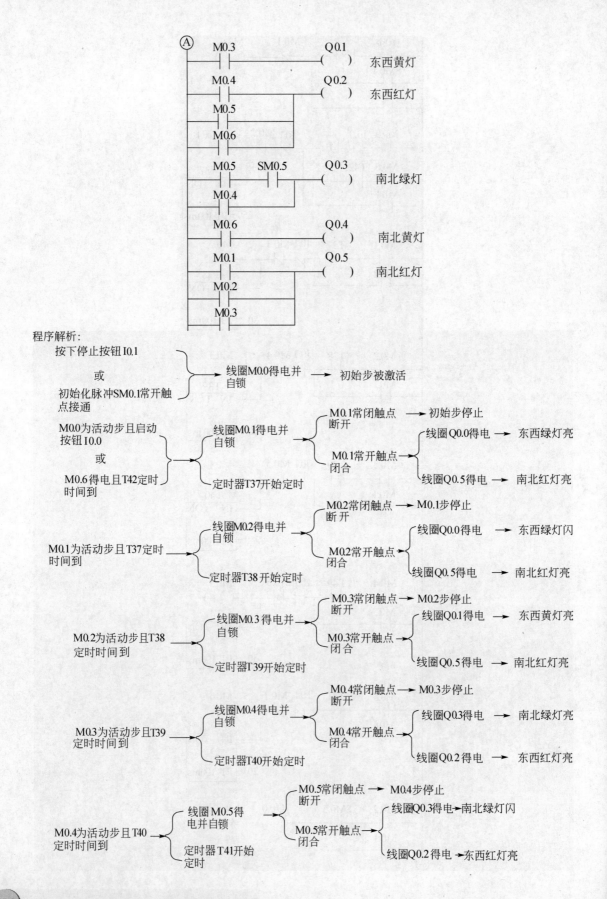

程序解析：

按下停止按钮I0.1
或
初始化脉冲SM0.1常开触点接通
→ 线圈M0.0得电并自锁 → 初始步被激活

M0.0为活动步且启动按钮I0.0
或
M0.6得电且T42定时时间到
→ 线圈M0.1得电并自锁
 ├ M0.1常闭触点断开 → 初始步停止
 ├ M0.1常开触点闭合 ┬ 线圈Q0.0得电 → 东西绿灯亮
 │   └ 线圈Q0.5得电 → 南北红灯亮
 └ 定时器T37开始定时

M0.1为活动步且T37定时时间到
→ 线圈M0.2得电并自锁
 ├ M0.2常闭触点断开 → M0.1步停止
 ├ M0.2常开触点闭合 ┬ 线圈Q0.0得电 → 东西绿灯闪
 │   └ 线圈Q0.5得电 → 南北红灯亮
 └ 定时器T38开始定时

M0.2为活动步且T38定时时间到
→ 线圈M0.3得电并自锁
 ├ M0.3常闭触点断开 → M0.2步停止
 ├ M0.3常开触点闭合 ┬ 线圈Q0.1得电 → 东西黄灯亮
 │   └ 线圈Q0.5得电 → 南北红灯亮
 └ 定时器T39开始定时

M0.3为活动步且T39定时时间到
→ 线圈M0.4得电并自锁
 ├ M0.4常闭触点断开 → M0.3步停止
 ├ M0.4常开触点闭合 ┬ 线圈Q0.3得电 → 南北绿灯亮
 │   └ 线圈Q0.2得电 → 东西红灯亮
 └ 定时器T40开始定时

M0.4为活动步且T40定时时间到
→ 线圈M0.5得电并自锁
 ├ M0.5常闭触点断开 → M0.4步停止
 ├ M0.5常开触点闭合 ┬ 线圈Q0.3得电 → 南北绿灯闪
 │   └ 线圈Q0.2得电 → 东西红灯亮
 └ 定时器T41开始定时

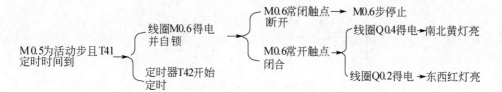

图 5-40　交通灯的顺序功能图及启保停电路编程法

解法四：置位复位指令编程法

置位复位指令编程法，如图 5-41 所示（参照 5-40 顺序功能图）。

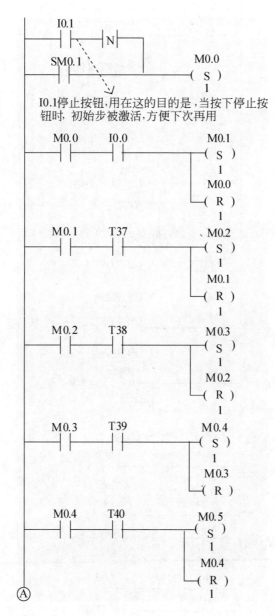

图 5-41

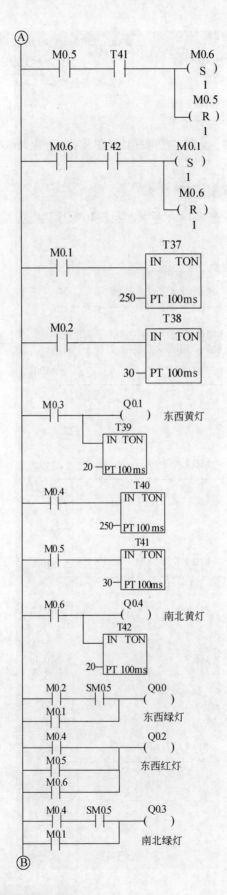

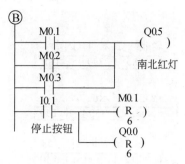

程序解析:

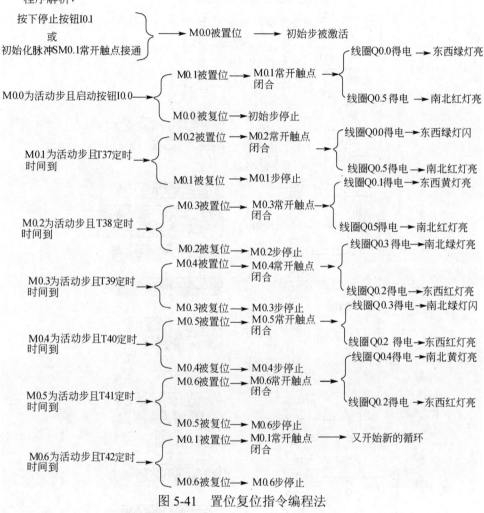

图 5-41　置位复位指令编程法

解法五：顺序控制继电器指令编程法

顺序控制继电器指令编程法，如图 5-42 所示。

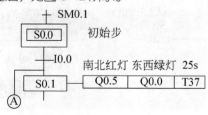

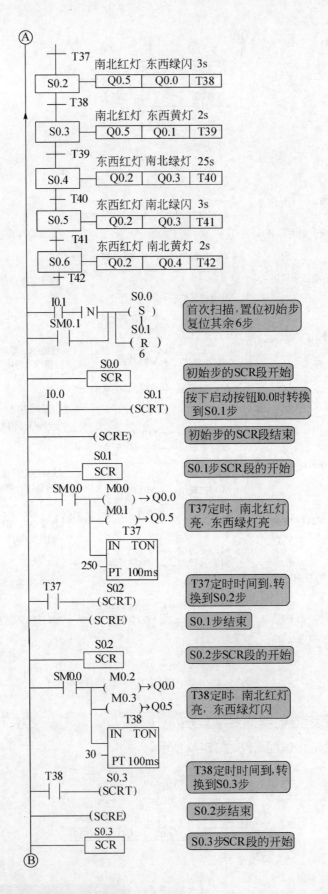

Ⓐ

S0.2	T37 南北红灯 东西绿闪 3s
	Q0.5	Q0.0	T38

S0.3	T38 南北红灯 东西黄灯 2s
	Q0.5	Q0.1	T39

S0.4	T39 东西红灯 南北绿灯 25s
	Q0.2	Q0.3	T40

S0.5	T40 东西红灯 南北绿闪 3s
	Q0.2	Q0.3	T41

S0.6	T41 东西红灯 南北黄灯 2s
	Q0.2	Q0.4	T42

T42

I0.1 / SM0.1 N S0.0 (S) 1 S0.1 (R) 6

首次扫描,置位初始步
复位其余6步

S0.0 SCR

初始步的SCR段开始

I0.0 S0.1 (SCRT)

按下启动按钮I0.0时转换
到S0.1步

(SCRE)

初始步的SCR段结束

S0.1 SCR

S0.1步SCR段的开始

SM0.0 M0.0 ( ) → Q0.0 M0.1 ( ) → Q0.5
T37 IN TON 250 — PT 100ms

T37定时, 南北红灯
亮, 东西绿灯亮

T37 S02 (SCRT)

T37定时时间到,转
换到S0.2步

(SCRE)

S0.1步结束

S0.2 SCR

S0.2步SCR段的开始

SM0.0 M0.2 ( ) → Q0.0 M0.3 ( ) → Q0.5
T38 IN TON 30 — PT 100ms

T38定时, 南北红灯
亮, 东西绿灯闪

T38 S0.3 (SCRT)

T38定时时间到,转
换到S0.3步

(SCRE)

S0.2步结束

S0.3 SCR

S0.3步SCR段的开始

Ⓑ

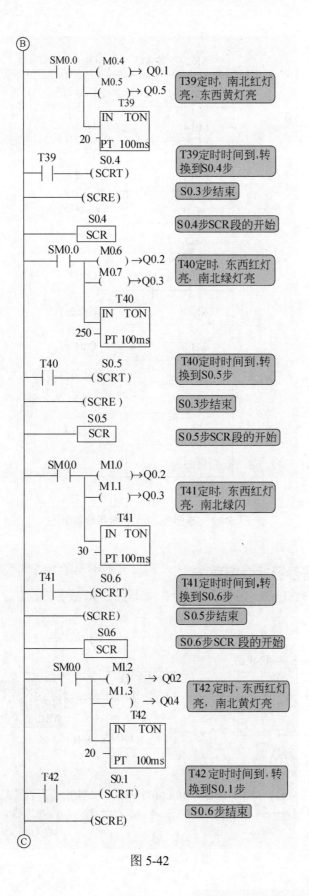

图 5-42

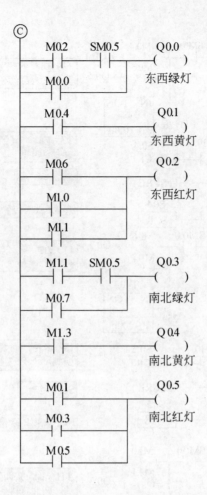

图 5-42　顺序控制继电器指令编程法

解法六: 移位寄存器指令编程法

移位寄存器指令编程法，如图 5-43 所示（参照图 5-40 顺序功能图）。

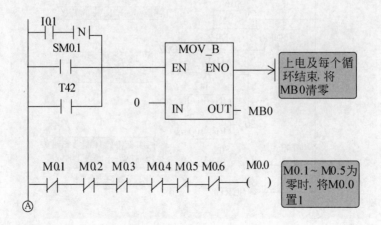

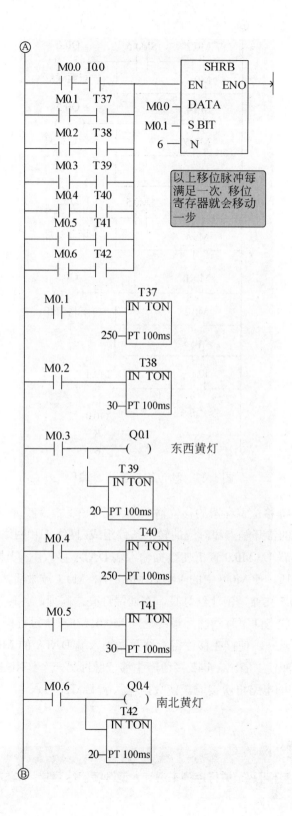

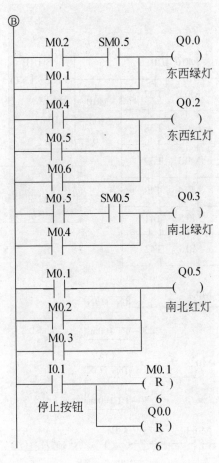

图 5-43　移位寄存器指令编程法

　　图 5-43 梯形图中，移位寄存器的移位输入端由若干串联电路并联而成，每条串联电路由某一步的辅助继电器的常开触点和对应的转换条件组成。网络 1 和网络 2 的作用是使 M0.1～M0.6 清零，使 M0.0 置 1。M0.0 置 1 使数据输入端 DATA 移入 1。当按下启动按钮 I0.0，移位输入电路第一行接通，使 M0.0 中的 1 移入 M0.1 中，M0.1 被激活，M0.1 的常开触点使输出量 T37、Q0.0、Q0.5 接通，南北红灯亮、东西绿灯亮。同理，各转换条件 T38～T42 接通产生的移位脉冲使 1 状态向下移动，并最终返回 M0.0。在整个过程中，M0.1～M0.6 接通，它们的相应常闭触点断开，使接在移位寄存器数据输入端 DATA 的 M0.0 总是断开的，直到 T42 接通产生移位脉冲使 1 溢出。T42 接通产生移位脉冲另一个作用是使 M0.1～M0.6 清零，这时网络 2M0.0 所在的电路再次接通，使数据输入端 DATA 移入 1，当再按下启动按钮 I0.0 时，系统重新开始运行。

　　关于交通灯程序还可采取并行序列来设计，请读者自行编制，本书不予解析。

第6章

PLC 控制系统设计

以 PLC 为核心组成的控制系统，称为自动控制系统。PLC 控制系统的设计与其他形式控制系统的设计不尽相同，在实际工程中，它围绕着 PLC 本身的特点，以满足生产工艺的控制要求为目的开展工作的。一般包括硬件系统的设计、软件系统的设计和施工设计等。

6.1 PLC 控制系统设计基本原则和步骤

在掌握 PLC 的工作原理、编程语言、内部元器件、硬件配置以及编程方法后，具有一定系统控制设计基础的技术人员就可以进行 PLC 控制系统的设计了。

6.1.1 PLC 控制系统设计的应用环境

由于 PLC 是一种计算机化了的高科技产品，相对继电器来说价格较高，因此在 PLC 控制系统设计之前，就要考虑是否有必要使用 PLC。

通常在以下情况可以考虑使用 PLC：

① 控制系统的数字量 I/O 点数较多，控制要求复杂。若使用继电器控制，则需要大量的中间继电器、时间继电器等器件；

② 对控制系统的可靠性要求较高，继电器系统难以满足控制要求；

③ 由于生产工艺流程或产品的变化，需要经常改变控制系统的控制关系或控制参数；

④ 可以用一台 PLC 控制多个生产设备。

附带说明对于控制系统简单、I/O 点数少，控制要求并不复杂的情况，则无需使用 PLC 控制，使用继电器控制就完全可以了。

6.1.2　PLC控制系统设计的基本原则

在实际生产过程中，任何一种控制都是以满足生产工艺的控制要求，提高生产质量和效率为目的的，因此在PLC控制系统的设计时，应遵循以下基本原则。

① 最大限度地满足生产工艺的控制要求；充分发挥PLC强大的控制功能，最大限度的满足生产工艺的控制要求，是PLC控制系统设计的首要前提。这就需要设计人员深入现场进行的调查研究，收集资料，同时要注意与操作员和工程管理人员密切的配合，共同讨论，解决设计中出现的问题。

② 确保控制系统的工作安全可靠；确保控制系统的工作安全可靠，是设计的重要原则。这就要求设计者在设计时，应全面地考虑控制系统硬件和软件。

③ 力求使系统简单、经济、使用和维修方便；在满足生产工艺的控制要求前提下，要注意降低工程成本，提高工程效益，符合用户的操作习惯和方便维修。

④ 应考虑生产的发展和改进，在设计时应适当留有裕量。

6.1.3　PLC控制系统设计的一般步骤

PLC控制系统设计的流程图如图6-1所示。

（1）深入了解被控系统的工艺过程和控制要求

深入了解被控系统的工艺过程和控制要求，是系统设计的关键，这一步的好坏，直接影响着系统设计和施工的质量。首先应该详细分析被控对象的工艺过程及工作特点，了解被控对象机、电、液之间的关系，提出被控对象对PLC控制系统的要求。控制要求包括：

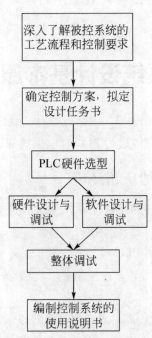

图6-1　PLC控制系统设计的流程图

① 控制的基本方式：行程控制、时间控制、速度控制、电流和电压控制等；

② 需要完成的动作：动作及其顺序、动作条件；

③ 操作方式：手动（点动、回原点）、自动（单步、单周、自动运行）、以及必要的保护、报警、连锁和互锁；

④ 确定软硬件分工；根据控制工艺的复杂程度确定软硬件分工，可从技术方案、经济型、可靠性等方面做好软硬件的分工。

（2）确定控制方案，拟定设计说明书

在分析完被控对象的控制要求基础上，可以确定控制方案。通常有以下几种方案供参考。

① 单控制器系统：单控制系统指采用一台 PLC 控制一台被控设备或多台被控设备的控制系统，如图 6-2 所示。

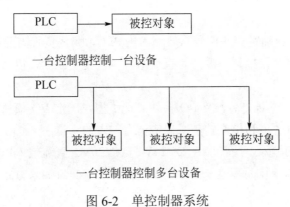

图 6-2　单控制器系统

② 多控制器系统：多控制器系统即分布式控制系统，该系统中每个控制对象都是由一台 PLC 控制器来控制的，各台 PLC 控制器之间可以通过信号传递进行内部连锁，或由上位机通过总线进行通信控制，如图 6-3 所示。

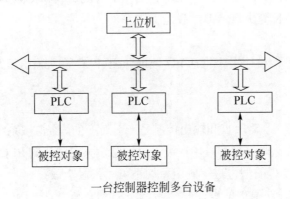

图 6-3　多控制器系统

③ 远程 I/O 控制系统：远程 I/O 系统是 I/O 模块不与控制器放在一起而是远距离的放在被控设备附近，如图 6-4 所示。

（3）PLC 硬件选型

① CPU 型号选择

S7-200PLC 不同 CPU 模块性能差别较大，在选择 CPU 模块时，应考虑数字量、模拟量的扩展能力，程序存储器与数据存储器的容量，通信接口的个数，本机 I/O 点数等，此外还要考虑性价比，若能满足要求的话，尽量降低硬件成本。

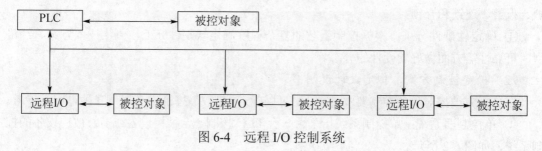

图 6-4　远程 I/O 控制系统

② I/O 模块的选型

再选 I/O 模块前，应确定哪些信号需要输入给 PLC，哪些负载需要 PLC 来驱动，还要确定哪些是数字量，哪些是模拟量，哪些是直流量，哪些是交流量，以及电压等级和是否有特殊要求。

PLC 选好型号后，根据 I/O 表及 I/O 模块可选类型，确定 I/O 模块的型号和块数，在选择时，应考虑今后系统改进和扩充的需求，应留有一定的裕量。

数字量输入模块的输入电压一般在 DC24V、AC220V。直流输入电路的延迟时间较短，可直接与光电开关、接近开关等电子输入设备直接相连；交流输入方式则适用于油雾、粉尘环境。

继电器型输出模块的工作电压范围广，触点导通电压降小，承受瞬间过电压和瞬间过电流能力强，但触点寿命有限制，动作速度较慢。若系统的输出信号变化不是很频繁，建议优先选择继电器输出型模块。

晶体管输出型和双向晶闸管输出型模块分别用于直流负载和交流负载，它们具有可靠性高，执行速度快，寿命长等优点，但过载能力较差。

（4）硬件设计

PLC 控制系统的硬件设计主要包括 I/O 地址分配、PLC 输入输出线路原理图的设计、PLC 供电系统图设计等。

① I/O 地址分配

以输入点和输入信号、输出点和输出控制是一一对应的。通常按系统配置通道与触点号，分配每个输入输出信号，即进行编号。在编号时注意，不同型号的 PLC，其输入输出通道范围不同，要根据所选 PLC 的型号进行确定，切不可"张冠李戴"。

② PLC 输入输出线路原理的设计

设计输入输出电路通常考虑以下问题。

◆ 输入电路一般由 PLC 内部提供电源，输出点需根据输出模块类型选择电源。

◆ 为了防止负载短路损坏 PLC，输出电路公共端需加熔断器保护。

◆ 为了防止接触器相间短路，通常要设置互锁电路，例如正反转电路。

◆ 输出电路有感性负载，为了保证输出点的安全和防止干扰，需并联过电压吸收电路，如图 6-5 所示。

◆ 应减少输入输出点数，具体方法可参考 5.2 节。

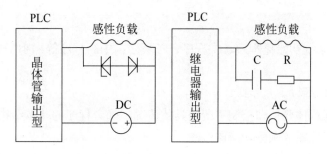

图 6-5　电压吸收电路

③ PLC 供电系统设计

◆ 若用户电网电压波动较大或附近有大的电磁干扰源，需在电源与 PLC 之间设置隔离变压器或电源滤波器，如图 6-6 所示。

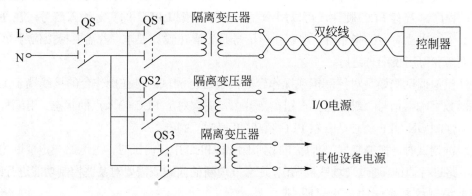

图 6-6　隔离变压器的设置

◆ 当输入交流电断电时，应不破坏控制器程序和数据，需使用不间断电源(UPS)供电，如图 6-7 所示。UPS 是电子计算机的有效保护设备，平时处于充电，当输入交流电失电时，UPS 向计算机供电，供电时间 10～30min。

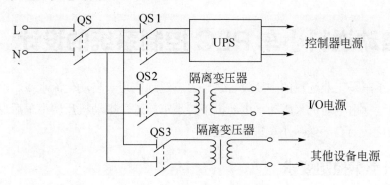

图 6-7　使用 UPS 供电系统

◆ 在控制系统不允许断电的场合，应采用两路供电；为了提高供电系统的可靠性，交流供电最好采用两路电源分别供电，这两路电源分别来自不同的两个变电站，当一路供电出现故障时，能自动切换到另一路进行供电。

（5）软件设计

软件设计包括系统初始化程序、主程序、子程序、中断程序等，小型数字量控制系统往往只有主程序。

软件设计主要包括以下几步：

① 首先应根据总体要求和控制系统的具体情况，确定程序的基本结构；

② 绘制控制流程图或顺序功能图；

③ 根据控制流程图或顺序功能图，设计梯形图；简单系统可用经验设计法，复杂系统可用顺序控制设计法。

（6）软、硬件调试

调试分为模拟调试和联机调试。

在软件设计完成后一般作模拟调试。模拟调试可以通过仿真软件来代替 PLC 硬件在计算机上调试程序。若有 PLC 硬件，可以用小开关和按钮模拟 PLC 的实际输入信号，在通过输出模块上个输出位对应的指示灯，观察输出信号是否满足设计要求。若需要模拟信号 I/O 时，可用电位器和万用表配合进行。

硬件模拟调试主要是对控制柜或操作台的接线进行测试，可在操作台的接线端子上模拟 PLC 外部数字输入信号，或者操作按钮指令开关，观察对应 PLC 输入点的状态。用编程软件将输出点强制 ON/OFF 状态，观察 PLC 负载的动作是否正常。

在联机调试时，把编制好的程序下载到现场的 PLC 中。调试时，主电路一定要断电，只对控制电路进行调试。通过现场联机调试，还会发现新的问题或需要对某些控制功能进行改进。

（7）编制控制系统的使用说明书

系统交付使用后，应根据调试的最终结果整理出完整的技术文件，单位存档，部分资料提供给用户，以利于系统的维修和改进。

提供的文件有：PLC 的外部接线图和其他的电气样图，PLC 编程元件表和带有文字说明的梯形图。此外若用的是顺序控制法，顺序功能图也需要提供给用户。

6.2 自动送料小车 PLC 控制系统的设计

自动送料小车是工业运料的主要设备之一，广泛地应用于自动化流水线、冶金、煤矿等行业。小车的运行由电动机来驱动，电动机正转小车前进，电动机反转小车后退。本节将从 PLC 控制的角度，对自动送料小车进行研究。

6.2.1 送料小车控制要求

自动送料小车运动控制示意图如图 6-8 所示。设小车有手动、单周和连续 3 种工作方式，工作时先选择工作方式，然后再按相应的按钮。小车初始位置在轨道最左端，左限位压合。

① 点动：按装料、卸料、左行、右行按钮，各动作单独执行。

② 单周：按下启动按钮，小车执行"装料→右行→卸料→左行"工作模式一个周期。

③ 连续：按下启动按钮，小车周而复始执行"装料→右行→卸料→左行"工作的模式。

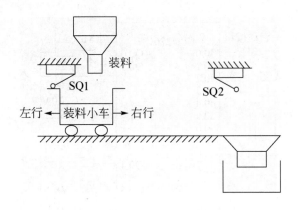

图 6-8　自动送料小车运动示意图

6.2.2　PLC 选型

小车送料自动控制系统采用西门子 S7-200 整体式 PLC，CPU 模块采用 CPU226CN 模块，该模块采用交流 220V 供电。

PLC 控制系统的输入信号有 10 个，均为开关量。其中操作按钮开关有 5 个，行程开关有 2 个，选择开关有 1 个(占 3 个输入点)；PLC 控制系统输出信号有 4 个，其中有 2 个为驱动电机的接触器，有 2 个为装卸料电磁阀；本控制系统采用 CPU226CN 完全可以，且有一定裕量。

6.2.3　I/O 分配及外部接线图

自动送料小车 I/O 分配见表 6-1。

外部接线图如图 6-9 所示。

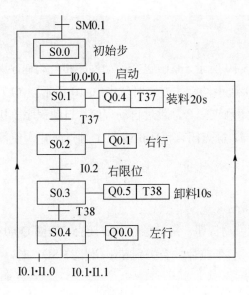

图 6-9

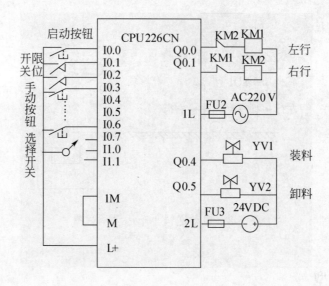

图 6-9　送料小车控制的外部接线图及顺序功能图

表 6-1　自动送料小车 I/O 分配

输入量				输出量	
启动按钮	I0.0	手动	I0.7	左行	Q0.0
左限位	I0.1	单周	I1.0	右行	Q0.1
右限位	I0.2	连续	I1.1	装料	Q0.4
左行启动按钮	I0.3			卸料	Q0.5
右行启动按钮	I0.4				
装料启动按钮	I0.5				
卸料启动按钮	I0.6				

6.2.4　程序设计

（1）主程序

总程序结构图如图 6-10 所示，其中包括手动程序和自动程序两个程序块，由跳转指令选择执行。如果选择开关接通手动操作方式时(如图 6-10 所示)，I0.7 常闭触点断开，因此执行手动程序，I1.0、I1.1 常闭触点闭合，跳过自动程序，自动程序不执行；如果选择开关接通单周或连续操作方式时，I0.7 触点闭合，I1.0 或 I1.1 触点断开，使程序执行时跳过手动程序，选择执行自动程序。

（2）手动程序

手动程序如图 6-11 所示。

① 左行：按下左行启动按钮，常开触点 I0.3 闭合，线圈 Q0.0 得电并自锁，接触器 KM1 线圈得电，电动机正转，小车左行，当碰到左限位开关 SQ1 时，常闭触点 I0.1 断开，线圈 Q0.0 断电，小车停止左行。

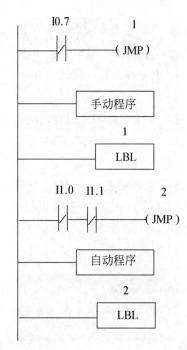

图 6-10 送料小车控制总程序结构图

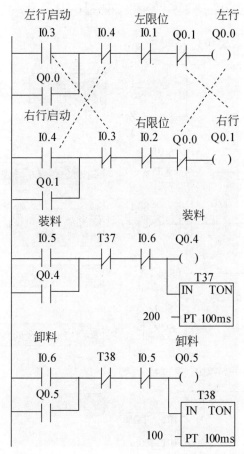

图 6-11 送料小车的手动控制梯形图

② 右行：按下右行启动按钮，常开触点 I0.4 闭合，线圈 Q0.1 得电并自锁，接触器 KM2 线圈得电，电动机反转，小车右行，当碰到左限位开关 SQ2 时，常闭触点 I0.2 断开，线圈 Q0.1 断电，小车停止右行；为了防止左行、右行同时动作，在左行右行程序中设置了必要的互锁电路。

③ 装料：按下装料启动按钮，常开触点 I0.5 闭合，线圈 Q0.4 得电并自锁，电磁阀 YV1 得电，小车开始装料，在 Q0.4 得电的同时定时器 T37 也得电，并开始定时，当定时时间到，T37 常闭触点断开，线圈 Q0.4 断电，电磁阀 YV1 失电，小车装料停止。

④ 卸料：按下卸料启动按钮，常开触点 I0.6 闭合，线圈 Q0.5 得电并自锁，电磁阀 YV2 得电，小车开始卸料，在 Q0.5 得电的同时定时器 T38 也得电，并开始定时，当定时时间到，T38 常闭触点断开，线圈 Q0.5 断电，电磁阀 YV2 失电，小车卸料停止。

（3）自动程序

解法一：顺序控制继电器指令编程法。

自动送料小车顺序功能图如图 6-9 所示，解法一如图 6-12 所示。

解法二：启保停电路编程法。

自动送料小车顺序功能图及启保停电路编程法如图 6-13 所示。

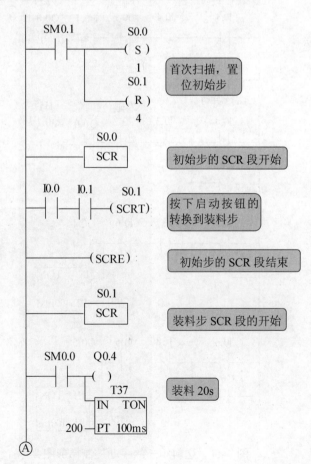

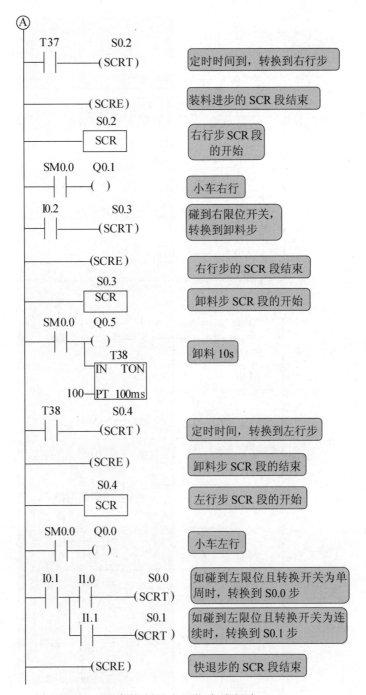

图 6-12　顺序控制继电器指令编程法

在解法二中，由输出量的状态变化不难看出，本程序顺序功能图可以分为装料、右行、卸料、左行四步，加之初始步共 M0.0~M0.4 五步。启动按钮 I0.0 和限位开关的常开触点、T37 和 T38 的常开触点均为各步之间的转换条件。

首个扫描周期 SM0.1 接通，线圈 M0.0 得电并自锁，初始步状态为 1；当小车停在最左端，左限位开关 SQ1 被压合，即 I0.1 为 1 时，按下启动按钮 SB1，常开触点 I0.0 闭合，线圈 M0.1 得电并自锁，其常闭触点断开，线圈 M0.0 断电，此时程序由初始步跳到装料步；T37 开始定时，定时时间 20s 到，T37 常开触点闭合，线圈 M0.2 得电并自锁，其常闭触点断开，

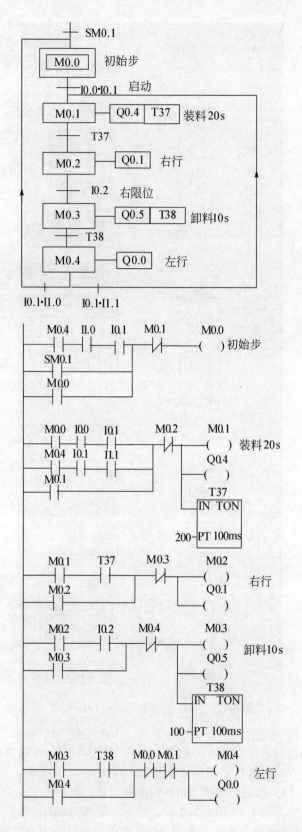

图 6-13 自动送料小车顺序功能图及启保停电路编程法

线圈 M0.1 断电，程序由装料步跳转到右行步；当小车碰到右限位开关 SQ2 时，I0.2 为 1，程序跳转到卸料步；定时器 T38 开始定时，当定时时间 10s 到，T38 常开触点闭合，线圈 M0.4 得电并自锁，其常闭触点断开，线圈 M0.3 断电，程序由卸料步跳转到左行步；若选择开关在单周位置(I1.0 为 1)且小车碰到左限位 SQ1(I0.1 为 1)时，程序会返回初始步，小车停在初始步；若选择开关在连续位置(I1.1 为 1)且小车碰到左限位 SQ1(I0.1 为 1)时，程序会跳到装料步，小车将按"装料→右行→卸料→左行"模式循环工作。

需要指出，类似这样的选择程序在分支和合并处程序的编写最为特殊，本例中在 M0.4 步出现了分支，M0.4 的后续步有两步，因此在 M0.4 的梯形图中有 M0.0、M0.1 两个常闭触点串联，即无论程序跳转到 M0.0 步还是跳转到 M0.1 步，M0.4 步都要停止；M0.0 步是程序的合并处，即激活初始步有两个条件，一是 SM0.1 初始化脉冲，另外一个为 M0.4 的常开触点、I0.0 常开触点和 I1.0 常开触点组成的串联电路，因此在梯形图中二者并联；此外 M0.1 步也为合并处，道理和 M0.0 步一致，这里不再赘述。

🖐 重点提示

在编写选择程序使用启保停电路编程法时，要注意分支处和合并处的梯形图的编写，在分支处会有多个后续步，因此需要多个后续步的常闭触点串联；在合并处会有多个分支（前级步与转换条件串联电路），多个分支要并联。

解法三：置位复位指令编程法。

置位复位指令编程法如图 6-14 所示。

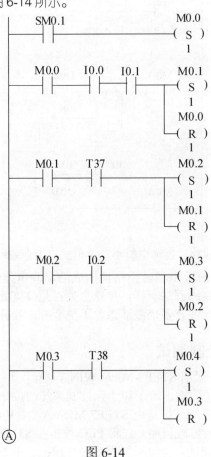

图 6-14

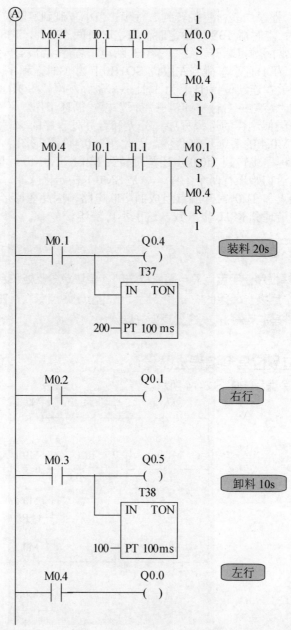

图 6-14 自动送料小车置位复位指令编程法

本程序的梯形图都是由前级步和转换条件构成的串联电路作为后续步的置位条件和前级步复位条件；和启保停电路编程法一样，特殊之处都是分支处和合并处的梯形图的编写，使用置位复位指令编程法时，注意多个激活条件不能合并，要分立写出，如图 6-15 所示。

6.2.5 送料小车自动控制调试

① 编程软件：编程软件采用 STEP7-Micro/WIN V4.0。

② 系统调试：将各个输入/输出端子和实际控制系统的按钮、所需控制设备正确连接，完成硬件的安装。小车自动控制系统是由 STEP7-Micro/WIN V4.0 软件的指令完成的，正常工作时程序存在存储卡中，若修改程序，先将 PLC 设定在 STOP 状态下，运行编程软件，打开小车控制程序，即可在线调试，也可用编程器进行模拟。小车调试记录表如表 6-2 所示。

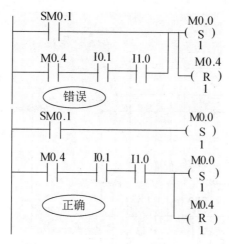

图 6-15　合并处梯形图编写原则

表 6-2　小车自动控制调试记录表

输入量	输入现象	输出量	输出现象
启动按钮		左行	
左限位		右行	
右限位		装料	
左行启动按钮		卸料	
右行启动按钮			
装料启动按钮			
卸料启动按钮			
手动			
单周			
连续			

6.2.6　编制控制系统使用说明

向用户提供的文件有：PLC 的外部接线图、PLC 编程元件表、顺序功能图和带有文字说明的梯形图。

6.3　组合机床 PLC 控制系统的设计

传统的生产机械大多数由继电器系统来控制，PLC 的广泛应用打破了这种状况，好多的大型机床都进行了相应的改造。本节将以单工位液压传动组合机床为例，对传统的大型机床改造问题给予讲解。

6.3.1　双面单工位液压组合机床的继电器控制

（1）双面单工位液压组合机床简介

图 6-16 为双面单工位液压组合机床的继电器系统电路图。从图中不难看出该机床由 3 台电动机进行拖动，其中 M1、M2 为左右动力头电动机，M3 为冷却泵电动机；SA1、SA2 分别为左右动力头单独调整开关，通过它们对左右动力头进行调整；SA3 为冷却泵电动机工作

选择开关。

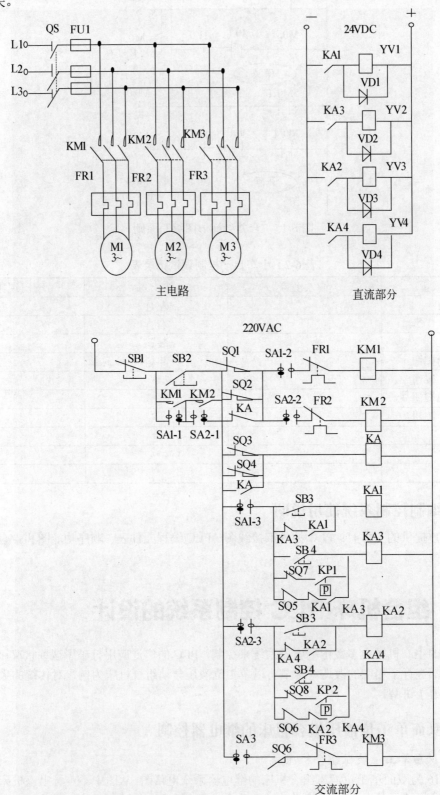

主电路

直流部分

220VAC

交流部分

图 6-16　双面单工位液压组合机床的继电器系统电路图

双面单工位液压传动组合机床左右动力头的循环工作示意图如图 6-17 所示。每个动力头均有快进、工进和快退 3 种运动状态，且三种状态的切换由行程开关发出信号。组合机床液压状态如表 6-3 所示，其中 KP 为压力继电器、YV 为电磁阀。

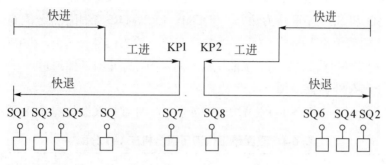

图 6-17　左右动力循环工作示意图

（2）双面单工位液压组合机床工作原理

SA1、SA2 处于自动循环位置，按下启动按钮 SB2，接触器 KM1、KM2 线圈得电并自锁，左右动力头电动机同时启动旋转；按下前进启动按钮 SB3，中间继电器 KA1、KA2 得电并自锁，电磁阀 YV1、YV3 得电，左右动力头快进并离开原位，行程开关 SQ1、SQ2、SQ5、SQ6 先复位，行程开关 SQ3、SQ4 后复位，并使 KA 得电自锁。在动力头进给过程中，由各自行程阀自动将快进变为工进，同时压下行程开关 SQ，接触器 KM3 线圈通电，冷切泵 M3 工作，供给冷却液。左右动力头加工完毕后压下 SQ7 并顶在死挡铁上，使其油路油压升高，压力继电器 KP1 动作，使 KA3 得电并自锁。右动力头加工完毕后压下 SQ8 并使 KP2 动作，KA4 将接通并自锁，同时 KA1、KA2 将失电，YV1、YV3 也失电，而 YV2、YV4 通电，使左右动力头快退。当左动力头使 SQ 复位后，KM3 将失电，冷却泵电动机将停转。左右动力头快退至原位时，先压下 SQ3、SQ4，再压下 SQ1、SQ2、SQ5、SQ6，使 KM1、KM2 线圈断电，动力头电动机 M1、M2 断电停转，同时 KA、KA3、KA4 线圈断电，YV2、YV4 断电，动力头停止动作，机床循环结束。加工过程中，如果按下 SB4，可随时使左右动力头快退至原位停止。

表 6-3　组合机床液压状态表

工步	YV1	YV2	YV3	YV4	KP1	KP2
原位停止	-	-	-	-	-	-
快进	+	-	+	-	-	-
工进	+	-	+	-	-	-
死挡铁停留	+	-	+	-	+	+
快退	-	+	-	+	-	-

6.3.2　双面单工位液压组合机床的 PLC 控制

（1）PLC 选型

本系统采用德国西门子 S7-200 整体式 PLC，CPU 模块 226CN，该模块采用交流 200V

供电。PLC 的输入信号应有 21 个，且为开关量，其中有 4 个按钮，9 个行程开关，3 个热继电器常闭触点，2 个压力继电器触点，3 个转换开关。但在实际应用中，为了节省 PLC 的输入输出点数，将输入信号做以下处理：SQ1 和 SQ2、SQ3 和 SQ4 并联作为输入，SQ7 和 KP1、SQ8 和 KP2、SQ 和 SA3 串联作为输入，将 FR1、FR2、FR3 常闭触点分配到输出电路中，这样处理后输入信号由原来的 21 点降到现在的 13 点；输出信号有 7 个，其中有 3 个接触器，4 个电磁阀；由于接触器和电磁阀所加的电压不同，因此输出有两路通道。

（2）I/O 分配及外部接线图

双面单工位液压组合机床 I/O 分配如表 6-4 所示，外部接线图如图 6-18 所示。

表 6-4　双面单工位液压组合机床 I/O 分配

输入量				输出量	
启动按钮 SB2	I0.0	行程开关 SQ6	I0.7	接触器 KM1	Q0.0
停止按钮 SB1	I0.1	行程开关 SQ1/SQ2	I1.0	接触器 KM2	Q0.1
快进按钮 SB3	I0.2	行程开关 SQ3/SQ4	I1.1	接触器 KM3	Q0.2
快退按钮 SB4	I0.3	行程开关 SQ7/KP1	I1.2	电磁阀 YV1	Q0.4
调整开关 SA1	I0.4	行程开关 SQ8/KP2	I1.3	电磁阀 YV2	Q0.5
调整开关 SA2	I0.5	行程开关 SQ/SA3	I1.4	电磁阀 YV3	Q0.6
行程开关 SQ5	I0.6			电磁阀 YV4	Q0.7

（3）程序设计

本例为继电器控制改造成 PLC 控制的典型问题，因此在编写 PLC 梯形图时，采用翻译设计法是一条捷径。翻译设计法即根据继电器控制电路的逻辑关系，将继电器电路的每一个分支按一一对应的原则逐条翻译成梯形图，再按梯形图的编写原则规范和化简。双面单工位液压组合机床梯形图如图 6-18 所示。

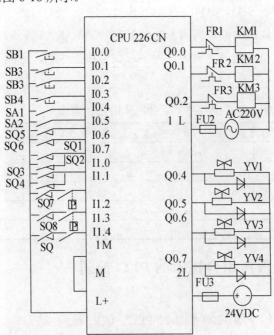

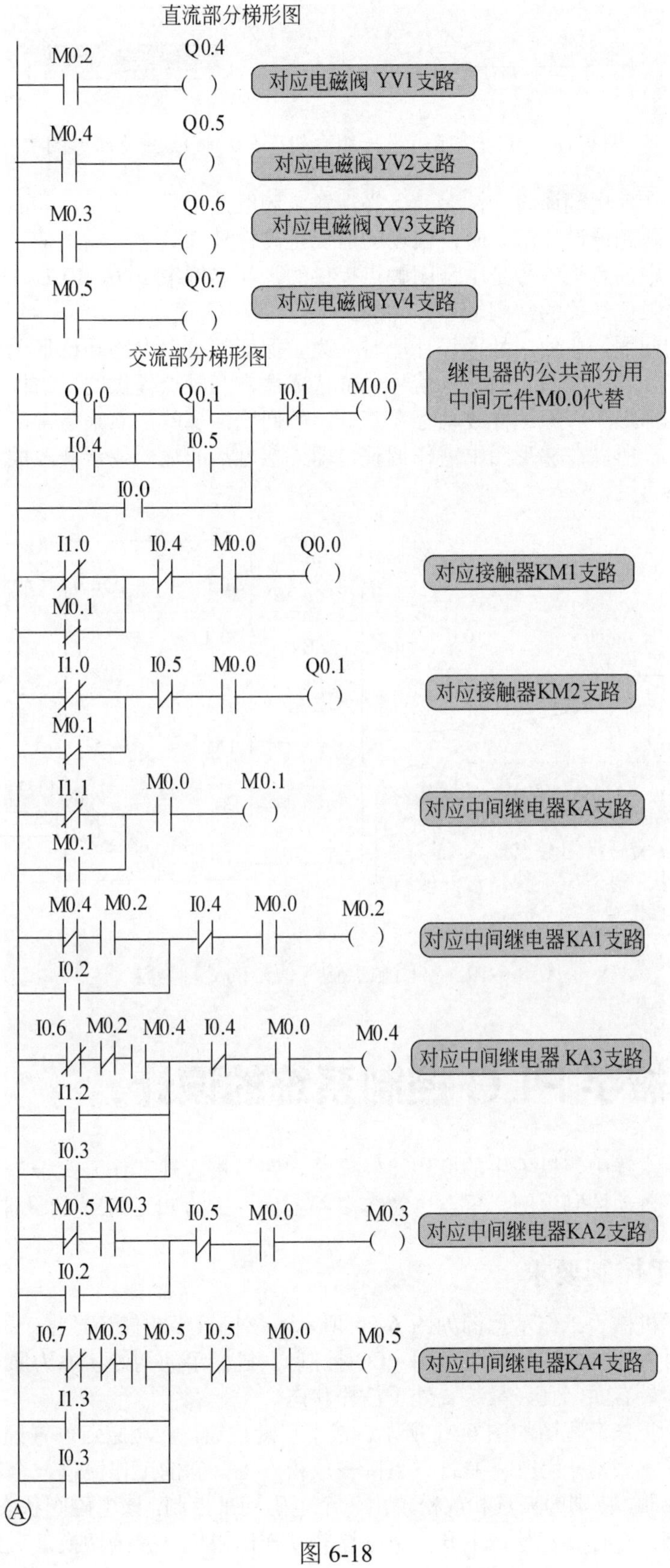

直流部分梯形图

```
  M0.2          Q0.4
───┤├─────────────( )────    对应电磁阀 YV1 支路

  M0.4          Q0.5
───┤├─────────────( )────    对应电磁阀YV2支路

  M0.3          Q0.6
───┤├─────────────( )────    对应电磁阀YV3支路

  M0.5          Q0.7
───┤├─────────────( )────    对应电磁阀YV4支路
```

交流部分梯形图

```
  Q0.0     Q0.1     I0.1     M0.0
───┤├──┬───┤├───┬───┤/├──────( )────    继电器的公共部分用
  I0.4 │   I0.5 │                       中间元件M0.0代替
───┤├──┤───┤├───┤
  I0.0 │        │
───┤├──┘        

  I1.0     I0.4     M0.0     Q0.0
───┤/├──┬──┤├──────┤├────────( )────    对应接触器KM1支路
  M0.1  │
───┤├───┘

  I1.0     I0.5     M0.0     Q0.1
───┤/├──┬──┤├──────┤├────────( )────    对应接触器KM2支路
  M0.1  │
───┤├───┘

  I1.1     M0.0     M0.1
───┤/├──┬──┤├────────( )────            对应中间继电器KA支路
  M0.1  │
───┤├───┘

  M0.4  M0.2     I0.4   M0.0   M0.2
───┤/├──┤├───┬───┤/├────┤├─────( )────   对应中间继电器KA1支路
  I0.2      │
───┤├───────┘

  I0.6  M0.2  M0.4   I0.4   M0.0   M0.4
───┤/├──┤├───┤├──┬──┤/├─────┤├─────( )──  对应中间继电器KA3支路
  I1.2          │
───┤├───────────┤
  I0.3          │
───┤├───────────┘

  M0.5  M0.3     I0.5   M0.0   M0.3
───┤/├──┤├───┬───┤/├────┤├─────( )────   对应中间继电器KA2支路
  I0.2      │
───┤├───────┘

  I0.7  M0.3  M0.5   I0.5   M0.0   M0.5
───┤/├──┤├───┤├──┬──┤/├─────┤├─────( )──  对应中间继电器KA4支路
  I1.3          │
───┤├───────────┤
  I0.3          │
───┤├───────────┘
Ⓐ
```

图 6-18

图6-18 双面单工位液压组合机床外部接线图及梯形图

需要指出，在使用翻译设计法时，务必注意常闭触点信号的处理。前面介绍的其他梯形图的设计方法（除翻译设计法）时，假设的前提是硬件外部数字量输入信号均由常开触点提供的，但在实际中，有些信号是由常闭触点提供的，如本例中 I0.6、I0.7、I1.0、I1.1 的外部输入信号就是由限位开关的常闭触点提供的。

类似这样的问题，在使用翻译设计法时，为了保证继电器电路和梯形图电路触点类型的一致性，常常将外部接线图中的输入信号全部选成由常开触点提供的，这样就可以将继电器电路直接翻译成梯形图。但这样改动存在着一定的问题：那就是原来是常闭触点输入的改成了常开触点输入，所以在梯形图中需作调整，即外接触点的输入位常开改成常闭，常闭改成常开，如图6-19所示。

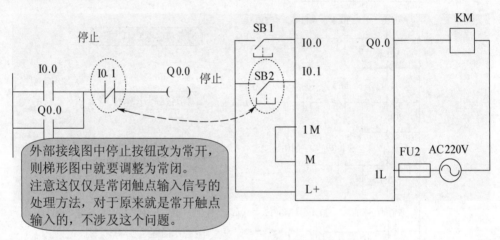

图6-19 常闭触点输入信号的处理方法

6.4 机械手PLC控制系统的设计

在自动化流水线中，机械手的应用比较广泛，它是集多种工作方式于一身的典型案例。本节将以机械手自动控制为例，重点讲解含多种工作方式的PLC系统的设计。

6.4.1 机械手控制要求

某工件搬运机械手工作示意图如图6-20所示。该机械手的任务是将工件从 A 传送带搬运到 B 传送带上来（A、B 传送带不用 PLC 控制）。机械手的初始状态为原点位置，此时机械手在最上面和最右面，且夹紧装置处于放松状态。

搬运机械手工作流程图如图6-21所示。按下启动按钮后，从原点位置开始，机械手将执行"左行→下降→夹紧→上升→右行→下降→放松→上升"的工作流程一个周期。这些动作均由电磁阀来控制，特别的夹紧和放松仅由一个电磁阀来控制，该电磁阀状态为 1 表示夹紧，否则为放松状态。左行、右行、上升、下降这些动作由限位开关来切换，夹紧、放松动作由定时器来切换，且定时时间为1s。

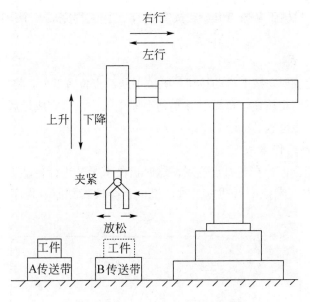

图 6-20　搬运机械手工作示意图

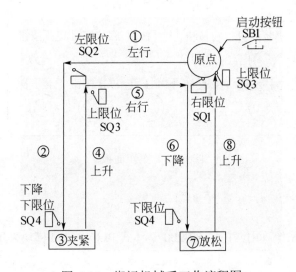

图 6-21　搬运机械手工作流程图

　　为了满足实际生产的需求，将机械手设有手动和自动2种工作模式，其中自动工作模式又包括单步、单周、连续和自动回原点4种方式。操作面板如图6-22所示。

　　（1）手动工作方式

　　利用按钮对机械手每个动作进行单独控制。在该工作方式中，设有6个按钮，分别控制左行、右行、上升、下降、夹紧和放松。

　　（2）单步工作方式

　　从原点位置开始，每按一下启动按钮，系统跳转一步，完成该步任务后自动停止在该步，再按一下启动按钮，才开始执行下一步动作。单步工作方式常常用于系统的调试和维修。

（3）单周工作方式

按下启动按钮，机械手从原点开始，按图 6-21 工作流程完成一个周期后，返回原点并停留在原点位置。

（4）连续工作方式

机械手在原点位置时，按下启动按钮，机械手从原点位置开始，将按图 6-21 工作流程周期性循环动作。按下停止按钮，机械手并不马上停止工作，待完成最后一个周期工作后，系统才返回并停留在原点位置。

（5）自动回原点工作方式

机械手有时可能会停止在非原点位置，这时机械手无法进行自动工作方式，所以需对机械手的位置进行调整，当按下启动按钮时，机械手会按其回原点程序由其他位置回到原点位置。

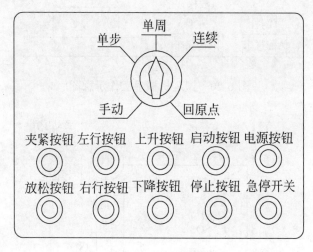

图 6-22　操作面板

6.4.2　PLC 选型

机械手自动控制系统采用西门子 S7-200 整体式 PLC，CPU 模块采用 CPU226CN 模块，该模块采用交流 220V 供电。

PLC 控制系统的输入信号有 17 个，均为开关量。其中操作按钮开关有 8 个，限位开关有 4 个，选择开关有 1 个(占 5 个输入点)；PLC 控制系统输出信号有 5 个，各个动作由交流 220V 电磁阀控制；本控制系统采用 CPU226CN 完全可以，且有一定裕量。

6.4.3　I/O 分配及外部接线图

机械手控制 I/O 分配见表 6-5。

表 6-5　机械手控制 I/O 分配

输入量				输出量	
启动按钮	I0.0	右行按钮	I1.1	左行电磁阀	Q0.0
停止按钮	I0.1	夹紧按钮	I1.2	右行电磁阀	Q0.1

输入量				输出量	
左限位	I0.2	放松按钮	I1.3	上升电磁阀	Q0.2
右限位	I0.3	手动	I1.4	下降电磁阀	Q0.3
上限位	I0.4	单步	I1.5	夹紧/放松电磁阀	Q0.4
下限位	I0.5	单周	I1.6		
上升按钮	I0.6	连续	I1.7		
下降按钮	I0.7	回原点	I2.0		
左行按钮	I1.0				

外部接线图如图 6-23 所示。

本例电磁阀采用 220V AC 供电电源，不要局限的认为仅有直流电磁阀。电磁阀可分为两类：直流电磁阀和交流电磁阀，直流电磁阀的供电压通常有24V、48V；交流电磁阀供电电压通常有 110V、220V。

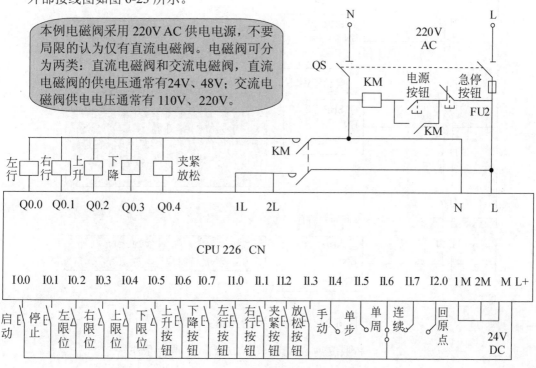

图 6-23　机械手外部接线图

6.4.4　程序设计

主程序如图 6-24 所示，当对应条件满足时，系统将执行相应的子程序。子程序主要包括 4 大部分，分别为公共程序、手动程序、自动程序和回原点程序。

（1）公共程序

公用程序如图 6-25 所示。公共程序用于处理各种工作方式都需要执行的任务，以及不同工作方式之间互相切换的处理。公共程序的编写通常要考虑原点条件的编写、初始状态的编写、复位非初始步的编写、复位回原点步的编写以及连续标志位的编写。

机械手处于最上面和最右面且夹紧装置放松时为原点状态，因此原点条件由上限位 I0.4 的常开触点、右限位 I0.3 的常开触点和表示机械手放松 Q0.4 常闭触点的串联电路组成，当串联电路接通时，辅助继电器 M1.1 变为 ON；机械手在原点位置，系统处于手动、回原点或初始化状态时，初始步 M0.0 都会被置位，此时为执行自动程序做好准备；当手动、自动、回原点 3 种工作方式相互切换时，自动程序可能会有两步被同时激活，为了防止误动作，因此在手动或回原点状态下，辅助继电器 M0.1～M1.0 要被复位；在非回原点工作方式下，I2.0 常闭触点闭合，辅助继电器 M1.4～M2.0 被复位；在非连续工作方式下，I1.7 常闭触点闭合，辅助继电器 M1.2 被复位，系统不能执行连续程序。

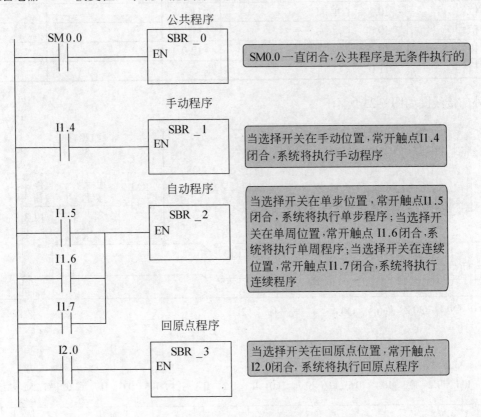

图 6-24　机械手自动控制主程序

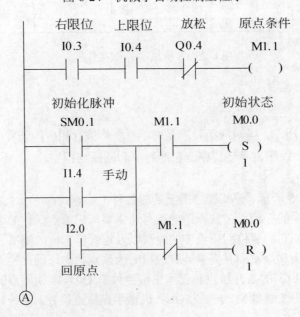

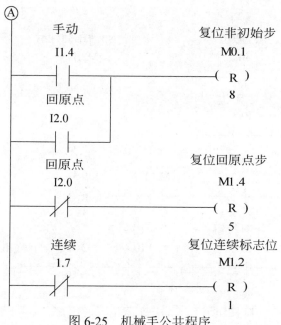

图 6-25　机械手公共程序

（2）手动程序

手动程序如图 6-26 所示。当按下左行启动按钮（I1.0 常开触点闭合），且上限位被压合（I1.4 常开触点闭合）时，机械手左行；当碰到左限位时，常闭触点 I0.2 断开，Q0.0 线圈失电，左行停止。当按下右行启动按钮（I1.1 常开触点闭合），且上限位被压合（I1.4 常开触点闭合）时，机械手右行；当碰到右限位时，常闭触点 I0.3 断开，Q0.1 线圈失电，右行停止。按下夹紧按钮，I1.2 变为 ON，线圈 Q0.4 被置位，机械手夹紧；按下放松按钮，I1.3 变为 ON，线圈 Q0.4 被复位，机械手将工件放松；当按下上升启动按钮（I0.6 常开触点闭合），且左限位或右限位被压合（I0.2 或 I0.3 常开触点闭合）时，机械手上升；当碰到上限位时，常闭触点 I0.4 断开，Q0.2 线圈失电，上升停止。当按下下降启动按钮（I0.7 常开触点闭合），且左限位或右限位被压合（I0.2 或 I0.3 常开触点闭合）时，机械手下降；当碰到下限位时，常闭触点 I0.5 断开，Q0.3 线圈失电，下降停止。

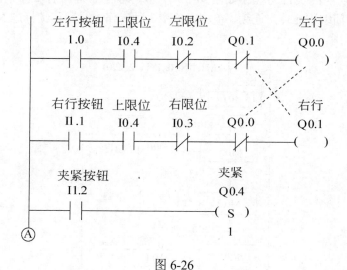

图 6-26

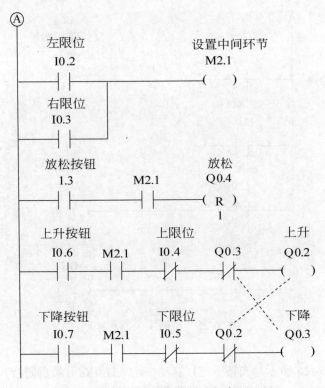

图 6-26 机械手手动程序

在手动程序编写时，需要注意以下几个方面：

① 为了防止方向相反地几个动作同时被执行，手动程序设置了必要的互锁；

② 为了防止机械手在最低位置与其他物体碰撞，在左右行电路中串联上限位常开触点加以限制；

③ 只有在最左端或最右端机械手才允许上升、下降和放松，因此设置了中间单元加以限制。

（3）自动程序

机械手顺序功能图及自动程序如图 6-27 所示。本程序采用启保停电路编程法，其中 M0.0～M1.0 为中间编程元件，连续、单周、单步 3 种工作方式用连续标志 M1.2 和转换允许标志 M1.3 加以区别。

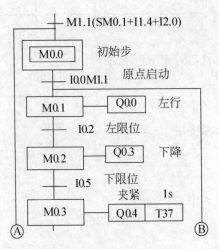

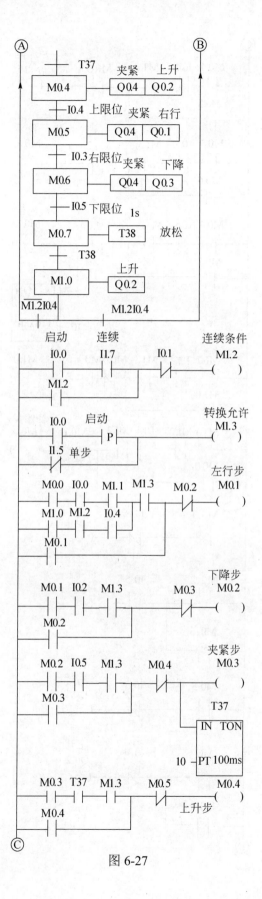

图 6-27

Ⓒ

右行步
M0.5

```
  M0.4   I0.4   M1.3      M0.6
───┤├────┤├─────┤├────────┤/├────────( )
  M0.5
───┤├──────────────┘
```

下降步
M0.6

```
  M0.5   I0.3   M1.3      M0.7
───┤├────┤├─────┤├────────┤/├────────( )
  M0.6
───┤├──────────────┘
```

放松步
M0.7

```
  M0.6   I0.5   M1.3      M1.0
───┤├────┤├─────┤├────────┤/├────────( )
  M0.7
───┤├──────────────┘
```

```
                            T38
                        ┌──────────┐
                        │  IN  TON │
                        │          │
                     10─┤ PT 100ms │
                        └──────────┘
```

```
  M0.7   T38   M1.3  M0.0 M0.1        M1.0
───┤├────┤├────┤├────┤/├──┤/├─────────( )
  M1.0
───┤├──────────────┘
```

上升步
初始步

```
  M1.0 M1.2  I0.4  M1.3     M0.1      M0.0
───┤├──┤/├───┤├────┤├───────┤/├───────( )
  M0.0
───┤├──────────────┘
```

左行
Q0.0

```
  M0.1          I0.2
───┤├───────────┤/├───────────( )
```

下降
Q0.3

```
  M0.2          I0.5
───┤├───────────┤/├───────────( )
  M0.6
───┤├──────┘
```

右行
Q0.1

```
  M0.5          I0.3
───┤├───────────┤/├───────────( )
```

上升
Q0.2

```
  M0.4          I0.4
───┤├───────────┤/├───────────( )
  M1.0
───┤├──────┘
```

Ⓓ

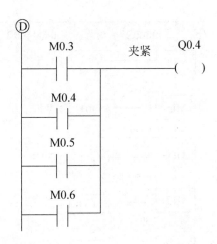

图 6-27　机械手顺序功能图及自动程序

在连续工作方式下，常开触点 I1.7 闭合，此时处于非单步状态，常闭触点 I1.5 为 ON，线圈 M1.3 接通，允许转换；若原点条件满足，在初始步为活动步时，按下启动按钮 I0.0，线圈 M0.1 得电并自锁，程序进入左行步，线圈 Q0.0 接通，机械手左行；当碰到左限位开关 I0.2 时，程序跳转到下降步 M0.2，左行步 M0.1 停止，线圈 Q0.3 接通，机械手下降；当碰到下限位开关 I0.5 时，程序又跳转到夹紧步 M0.3，下降步 M0.2 步停止；以此类推，以后系统就这样一步一步的工作下去。需要指出的是，当机械手在步 M1.0 返回时，上限位 I0.4 状态为 1，因为先前连续标志位 M1.2 状态为 1，故转换条件 M1.2·I0.4 满足，系统将返回到 M0.1 步，反复连续的工作下去。

单周与连续原理相似，不同之处在于：在单周的工作方式下，连续标志条件不满足（即线圈 M1.2 不得电），当程序执行到上升步 M1.0 时，满足的转换条件为 $\overline{M1.2}$·I0.4，因此系统将返回到初始步 M0.0，机械手停止运动。

在单步工作方式下，常闭触点 I1.5 断开，辅助继电器 M1.3 变为 OFF，不允许步与步之间的转换。原点条件满足，在初始步为活动步时，按下启动按钮 I0.0，线圈 M0.1 得电并自锁，程序进入左行步；松开启动按钮 I0.0，辅助继电器 M1.3 马上失电。在左行步，线圈 Q0.0 得电，当左限位压合时，与线圈 Q0.0 串联的 I0.2 的常闭触点断开，线圈 Q0.0 失电，机械手停止左行。I0.2 常开触点闭合后，如不按下启动按钮 I0.0，辅助继电器 M1.3 状态为 0，程序不会跳转到下一步，直至按下启动按钮，程序方可跳转到下降步；此后在某步完成后必须按启动按钮一次，系统才能转换到下一步。

需要指出，M0.0 的启保停电路放在 M0.1 启保停电路之后目的是，防止在单步方式下程序连续跳转两步。若不如此，当步 M1.0 为活动步时，按下启动按钮 I0.0，M0.0 步与 M0.1 步同时被激活，这不符合单步的工作方式；此外转换允许步中，启动按钮 I0.0 后接上升沿脉冲的目的是，使 M1.3 仅 ON 一个扫描周期，它使 M0.0 接通后，下一扫描周期处理 M0.1 时，M1.3 已经为 0，故不会使 M0.1 为 1，只有当按下启动按钮 I0.0 时，M0.1 才为 1，这样处理才符合单步的工作方式。

（4）自动回原点程序

自动回原点程序的顺序功能图和梯形图如图 6-28 所示。在回原点工作方式下，I2.0 状态为 1。按下启动按钮 I0.0 时，机械手可能处于任意位置，根据机械手所处的位置及夹紧装置的状态，可分以下几种情况讨论。

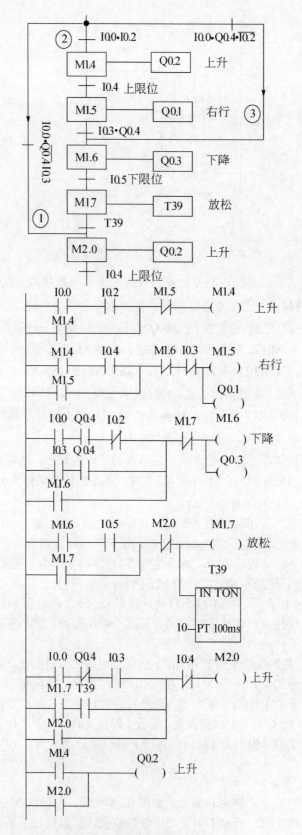

图 6-28 机械手自动回原点程序

① 夹紧装置放松且机械手在最右端：

夹紧装置处于放松且在最右端，所以直接上升返回原点位置即可。对应的程序为，按下启动按钮 I0.0，条件 I0.0•Q0.4•I0.3 满足，M2.0 步接通。

② 机械手在最左端：

机械手在最左端夹紧装置可能处于放松状态也可能处于夹紧状态。若处于夹紧状态时，按下启动按钮 I0.0，条件 I0.0•I0.2 满足，因此依次执行 M1.4～M2.0 步程序，直至返回原点；若处于放松状态，按下启动按钮 I0.0，只执行 M1.4～M1.5 步程序，下降步 M1.6 以后不会执行，原因在于下降步 M1.6 的激活条件 I0.3•Q0.4 不满足，并且当机械手碰到右限位 I0.3 时，M1.5 步停止。

③ 夹紧装置夹紧且不在最左端：

按下启动按钮 I0.0，条件 I0.0•Q0.4•$\overline{I0.2}$ 满足，因此依次执行 M1.6～M2.0 步程序，直至回到原点。

6.4.5　机械手自动控制调试

① 编程软件：编程软件采用 STEP7-Micro/WIN V4.0。

② 系统调试：将各个输入/输出端子和实际控制系统的按钮、所需控制设备正确连接，完成硬件的安装。机械手自动控制系统由 STEP7-Micro/WIN V4.0 软件的指令完成的，正常工作时程序存在存储卡中，若修改程序，先将 PLC 设定在 STOP 状态下，运行编程软件，打开机械手控制程序，即可在线调试，也可用编程器进行模拟。机械手控制调试记录表如表 6-6 所示。

表 6-6　机械手自动控制调试记录表

输入量	输入现象	输出量	输出现象
启动按钮		左行电磁阀	
停止按钮		右行电磁阀	
左限位		上升电磁阀	
右限位		下降电磁阀	
上限位		夹紧/放松电磁阀	
下限位			
上升按钮			
上升按钮			
左行按钮			
右行按钮			
夹紧按钮			
放松按钮			
手动			
单步			
单周			

输入量	输入现象	输出量	输出现象
连续			
回原点			

6.4.6 编制控制系统使用说明

向用户提供的文件有：PLC 的外部接线图、PLC 编程元件表、顺序功能图和带有文字说明的梯形图。

附录

附录 A　S7-200 CPU 技术规范

特征	CPU221	CPU222	CPU224	CPU226
外形尺寸/mm	90×80×62	90×80×62	120.5 × 80 × 62	190×80×62
用户数据存储区/B				
可以在运行模式下编辑	4096	4096	8192	16384
不能在运行模式下编辑	4096	4096	12288	24576
数据存储区/B	2048	2048	8192	10240
掉电保持时间典型值/h	50	50	100	100
本机数字量 I/O	6 入/4 出	8 入/6 出	14 入/10 出	24 入/16 出
本机模拟量 I/O	—	—	—	
数字量 I/O 映像区	256（128 入/128 出）			
模拟量 I/O 映像区	无	16 入/16 出	32 入/32 出	
扩展模块数量	—	2 个	7 个	
脉冲捕捉输入个数	6	8	14	24
高速计数器个数	4 路	4 路	6 路	6 路
单相高速计数器个数	4 路 30kHz	4 路 30kHz	6 路 30kHz	4 路 30kHz
双相高速计数器个数	2 路 20kHz	2 路 20kHz	4 路 20kHz	2 路 20kHz
高速脉冲输出	2 路 20kHz		2 路 20kHz	2 路 20kHz
模拟量调节电位器	1 个，8 为分辨率		2 个，8 为分辨率	
实时时钟	有（时钟卡）	有（时钟卡）	有（时钟卡）	有（时钟卡）
RS-485 通信接口	1	1	1	2
可选卡件	存储器卡、电池卡和实时时钟卡		存储器卡、电池卡	
DC 24V 电源 CPU 输入电流/最大负载	80mA/500mA	85mA/500mA	110mA/700mA	150mA/1050mA
AC 240V 电源 CPU 输入电流/最大负载	15mA/60mA	20mA/70mA	30mA/100mA	40mA/160mA

附录 B 数字量/模拟量扩展模块主要参数性能指标

附表 1 数字量扩展模块主要参数性能指标

技术指标	EM221	EM222	EM222 继电器型	EM223 4 输入/4 输出
尺寸（$W \times H \times D$） 质量/g 功耗/W	71.2mm×80mm×62mm 160 3	71.2mm×80mm×62mm 160 3	71.2mm×80mm×62mm 165 4	46mm×80mm×62mm 160 2
输入类型	漏型/源型（IEC 类型 1）	过零触发	固态-MOSFET1 干触点（继电器）	漏型/源型（IEC 类型 1）
输入电压 浪涌电压/电流 额定值 逻辑 1 信号（最小） 逻辑 0 信号（最大）	20.4～30V DC 35V DC,0.5s 24V DC,4mA 15V DC 或 2.5mA 5V DC 或 1mA	20.4～30V DC 35V DC,0.5s 24V DC,4mA 15V DC 或 2.5mA 5V DC 或 1mA	20.4～28.8V DC 30A（最大） 24V DC/250V AC（继电器） 20VDC 0.2VDC	20.4～30V DC 35V DC 时 0.5s 24V DC,4mA 15V DC,2.5mA 5V DC,1mA
光隔离 隔离点	500V AC,1min 4 端子	500V AC,1min 4 端子	500V AC,1min 1 组，单独隔离	500V AC,1min 4 端子
屏蔽电缆长度/m 非屏蔽电缆长度/m	500 300	500 150	500 150	500 300(150m 输出)
延迟时间(最大)	4.5ms	0.5ms(OFF→ON) 2.0ms(OFF→ON)	0.5ms(OFF→ON) 2.0ms(OFF→ON)	4.5ms(0.5/2.0ms 输出，OFF→ON)

附表 2 模拟量扩展模块主要参数性能指标

技术指标		EM231 输入	EM232 输出	EM235
尺寸（$W \times H \times D$）		71.2mm×80mm×62mm	46mm×80mm×62mm	71.2mm×80mm×62mm
质量/g		183	148	186
功耗/W		2	2	2
电源要求	+5VDC	20mA	20mA	30mA
	+24VDC	60mA	70mA（带 2 路输出 20mA）	60mA（带输出 20mA）
LED 指示器		24VDC 状态 亮：无故障 灭：无 24VDC 电源	24VDC 状态 亮：无故障 灭：无 24VDC 电源	24VDC 状态 亮：无故障 灭：无 24VDC 电源
输入类型		差分输入		差分输入

技术指标	EM231 输入	EM232 输出	EM235
分辨率	12 位 A/D 转换器	12 位 D/A 转换器（电压） 11 位 D/A 转换器（电流）	12 位 A/D(D/A)转换器（电压） 11 位 D/A 转换器（电流）
隔离 （现场与逻辑电路）	无	无	无
输入电流分辨率 输入电流范围	5μA(0～20mA 时) 0～20mA		5μA(0～10mA 时) 0～20mA
最大输入电压	30VDC		30VDC
A/D 转换转换时间	＜250μs		＜250μs
模拟量输入响应	1.5ms～95％		1.5ms～95％
电压信号输出范围 电流信号输出范围		±10V 0～20mA	±10V 0～20mA
稳定电压输出时间 稳定电流输出时间		100μs 2ms	100μs 2ms

附录 C　CPU221/CPU222/CPU226 外部接线图

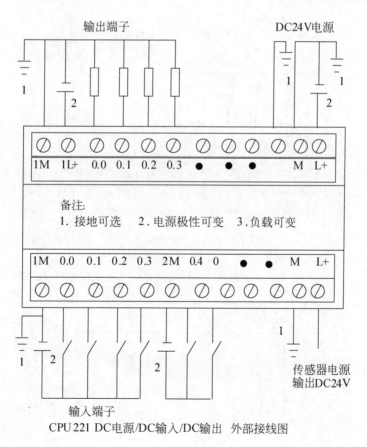

CPU 221 DC电源/DC输入/DC输出　外部接线图

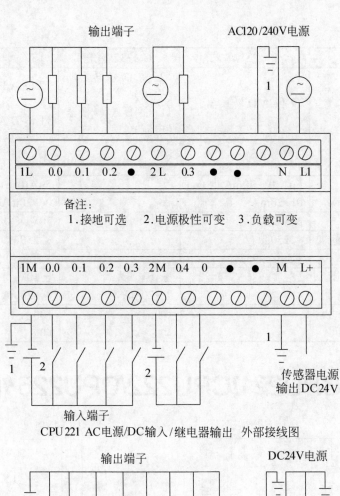

输出端子   ACl20/240V电源

1L   0.0   0.1   0.2   ●   2L   0.3   ●   ●   N   L1

备注:
1.接地可选   2.电源极性可变   3.负载可变

1M   0.0   0.1   0.2   0.3   2M   0.4   0   ●   ●   M   L+

传感器电源
输出 DC24V

输入端子

CPU 221 AC电源/DC输入/继电器输出 外部接线图

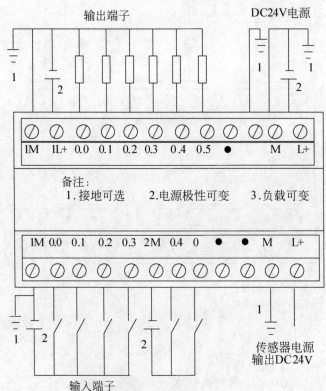

输出端子   DC24V电源

1M   1L+   0.0   0.1   0.2   0.3   0.4   0.5   ●   M   L+

备注:
1.接地可选   2.电源极性可变   3.负载可变

1M   0.0   0.1   0.2   0.3   2M   0.4   0   ●   ●   M   L+

传感器电源
输出DC24V

输入端子

CPU222 DC电源/DC输入/DC输出 外部接线图

输出端子　　　AC120/240V电源

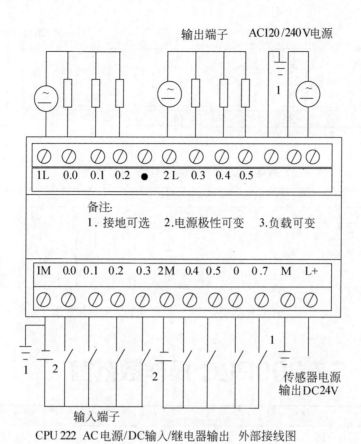

1L	0.0	0.1	0.2	●	2L	0.3	0.4	0.5

备注:
1.接地可选　2.电源极性可变　3.负载可变

1M	0.0	0.1	0.2	0.3	2M	0.4	0.5	0	0.7	M	L+

传感器电源
输出DC24V

输入端子

CPU 222 AC电源/DC输入/继电器输出 外部接线图

输出端子　　　　　　　　　　　　　　　　　　　　　　　　　　　DC240V电源

1M	1L+	0.0	0.1	0.2	0.3	0.4	0.5	0.6	0.7	2M	2L+	1.0	1.1	1.2	1.3	1.4	1.5	1.6	1.7	●	M	L+ DC

备注:
1.接地可选　2.电源极性可变　3.负载可变

1M	0.0	0.1	0.2	0.3	0.4	0.5	0.6	0.7	1.0	1.1	1.2	1.3	1.4	2M	1.5	1.6	1.7	2.0	2.1	2.2	2.3	2.4	2.5	2.6	2.7	M	L+

传感器电源
输出DC24V

输入端子
CPU226 DC 电源/DC 输入/ DC 输出 外部接线图

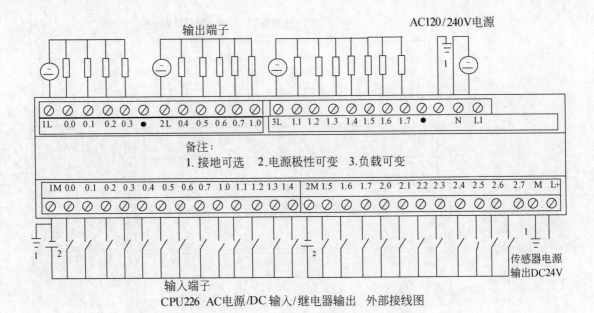

备注：
1. 接地可选　2. 电源极性可变　3. 负载可变

CPU226 AC电源/DC 输入/继电器输出 外部接线图

附录 D　S7-200PLC 操作数范围

存储方式	CPU221	CPU222	CPU224	CPU226
位存储 I	0.0～15.7	0.0～15.7	0.0～15.7	0.0～15.7
Q	0.0～15.7	0.0～15.7	0.0～15.7	0.0～15.7
V	0.0～2047.7	0.0～2047.7	0.0～8191.7	0.0～10239.7
M	0.0～31.7	0.0～31.7	0.0～31.7	0.0～31.7
SM	0.0～165.7	0.0～299.7	0.0～549.7	0.0～549.7
S	0.0～31.7	0.0～31.7	0.0～31.7	0.0～31.7
T	0～255	0～255	0～255	0～255
C	0～255	0～255	0～255	0～255
L	0.0～63.7	0.0～63.7	0.0～63.7	0.0～63.7
字节存储 IB	0～15	0～15	0～15	0～15
QB	0～15	0～15	0～15	0～15
VB	0～2047	0～2047	0～8191	0～10239
MB	0～31	0～31	0～31	0～31
SMB	0～165	0～299	0～549	0～549
SB	0～31	0～31	0～31	0～31
LB	0～63	0～63	0～63	0～63
AC	0～3	0～3	0～3	0～3
KB（常数）	KB（常数）	KB（常数）	KB（常数）	KB（常数）

存储方式	CPU221	CPU222	CPU224	CPU226
字存储 IW	0~14	0~14	0~14	0~14
QW	0~14	0~14	0~14	0~14
VW	0~2046	0~2046	0~8190	0~10238
MW	0~30	0~30	0~30	0~30
SMW	0~164	0~298	0~548	0~548
SW	0~30	0~30	0~30	0~30
T	0~255	0~255	0~255	0~255
C	0~255	0~255	0~255	0~255
LW	0~62	0~62	0~62	0~62
AC	0~3	0~3	0~3	0~3
AIW	0~30	0~30	0~62	0~62
AQW	0~30	0~30	0~62	0~62
KB（常数）	KB（常数）	KB（常数）	KB（常数）	KB（常数）
位存储 ID	0~12	0~12	0~12	0~12
QD	0~12	0~12	0~12	0~12
VD	0~2044	0~2044	0~8188	0~10236
MD	0~28	0~28	0~28	0~28
SMD	0~162	0~296	0~546	0~546
SD	0~28	0~28	0~28	0~28
LD	0~60	0~60	0~60	0~60
AC	0~3	0~3	0~3	0~3
HC	0~5	0~5	0~5	0~5
KD（常数）	KD（常数）	KD（常数）	KD（常数）	KD（常数）

附录 E　S7-200PLC 常用指令

指　令	说　　明	指　令	说　　明
LD　　N	装载（开始常开触点）	ALD	与装载（电路块串联）
LDN　　N	装载（开始常闭触点）	OLD	或装载（电路块并联）
A　　N	与（串联常开触点）	LPS	逻辑入栈
AN　　N	与（串联常闭触点）	LRD	逻辑读栈
O　　N	或（并联常开触点）	LPP	逻辑出栈
ON　　N	或（并联常闭触点）	MOVB　IN，OUT	字节传送
NOT	栈定制取反	MOVW　IN，OUT	字传送
EU	上升沿检测	MOVD　IN，OUT	双字传送
ED	下降沿检测	MOVR　IN，OUT	实数传送
=	赋值（线圈）	BIR　IN，OUT	立即读取物理输入字节
S　　Bit，N	置位一个区域	BIW　IN，OUT	立即写物理输出字节
R　　Bit，N	复位一个区域	BMB　IN，OUT，N	字节块传送

指　　令	说　　明	指　　令	说　　明
BMW IN, OUT, N	字块传送	RRB OUT, N	字节循环右移 N 位
BMD IN, OUT, N	双字块传送	RRW OUT, N	字循环右移 N 位
SWAP IN	交换字节	RRD OUT, N	双字循环右移 N 位
SHRB DATA, S_BIT, N	移位寄存器	RLD OUT, N	双字循环左移 N 位
SLB OUT, N	字节左移 N 位	RLW OUT, N	字循环左移 N 位
SLW OUT, N	字左移 N 位	RLB OUT, N	字节循环左移 N 位
SLD OUT, N	双字左移 N 位	SRD OUT, N	双字右移 N 位
SRB OUT, N	字节右移 N 位	SRW OUT, N	字右移 N 位

附录 F　S7-200 的特殊存储器

特殊存储器的标志位提供了大量的 PLC 运行状态和控制功能，特殊存储器起到了 CPU 和用户程序之间交换信息的作用。特殊存储器的标志可能以位、字节、字和双字使用。

（1）SMB0 字节（系统状态位）

SM0.0：PLC 运行时这一位始终为 1，是常 ON 继电器。

SM0.1：PLC 首先扫描时为 1，只接通一个扫描周期，用户之一是进行初始化。

SM0.2：若保持数据丢失，该位为 1，一个扫描周期。

SM0.3：开机进入 RUN 方式，将 ON 一个扫描周期。

SM0.4：该位提供了一个周期为 1min、占空比为 0.5 的时钟。

SM0.5：该位提供了一个周期为 1s、占空比为 0.5 的时钟。

SM0.6：该位为扫描时钟，本次扫描置 1，下次扫描置 0，可作为扫描计数器的输入。

SM0.7：该位指示 CPU 工作方式开关的位置，0 为 TEAM 位置，1 为 RUN 位置。

（2）SMB1 字节（系统状态位）

SM1.0：当执行某命令时，其结果为 0 时，该位置 1。

SM1.1：当执行某命令时，其结果溢出或出现非法数据时，该位置 1。

SM1.2：当执行数学运算时，其结果为负数时，该位置 1。

SM1.3：试图除以 0 时，该位为 1。

SM1.4：当执行 ATT 指令时，超出表范围时，该位置 1。

SM1.5：当执行 LIFO 或 FIFO，从空表中读数时，该位置 1。

SM1.6：当把一个非 BCD 数转换为二进制数时，位置为 1。

SM1.7：当 ASCⅡ不能转换成有效的十六进制时，该位置 1。

（3）SMB2 字节（自由口接收字符）

SMB2：自由口端通信方式下，从 PLC 端口 0 或端口 1 接收到的每一字符。

（4）SMB3 字节（自由口奇偶校验）

SM3.0：端口 0 或端口 1 的奇偶校验出错时，该位置 1。

（5）SMB4 字节（队列溢出）

SM4.0：当通信中断队列溢出时，该位置 1。

SM4.1：当输入中断队列溢出时，该位置 1。

SM4.2：当定时中断队列溢出时，该位为 1。

SM4.3：在运行时刻，发现变成问题时，该位置 1。

SM4.4：当全局中断允许时，该位置 1。

SM4.5：当（口 0）发送空闲时，该位置 1。

SM4.6：当（口 1）发送空闲时，该位置 1。

SM4.7：当发生强行置位时，该位置 1。

（6）SMB5 字节（I/O 状态）

SM5.0：有 I/O 错误时，该位置 1。

SM5.1：当 I/O 总线上接了过多的数字量 I/O 点时，该位置 1。

SM5.2：当 I/O 总线上接了过多的模拟量 I/O 点时，该位置 1。

SM5.7：当 DP 标准总线出现错误时，该位置 1。

（7）SMB6 字节（CPU 识别寄存器）

SM6.7～6.4=0000 为 CPU212/CPU222。

SM6.7～6.4=0010 为 CPU214/CPU224。

SM6.7～6.4=0110 为 CPU221。

SM6.7～6.4=1000 为 CPU215。

SM6.7～6.4=1001 为 CPU216。

（8）SMB8～SMB21 字节（I/O 模块识别和错误寄存器）

SMB8：模块 0 识别寄存器。

SMB9：模块 0 错误寄存器。

SMB10：模块 1 识别寄存器。

SMB11：模块 1 错误寄存器。

SMB12：模块 2 识别寄存器。

SMB13：模块 3 错误寄存器。

SMB14：模块 3 识别寄存器。

SMB15：模块 3 错误寄存器。

SMB16：模块 4 识别寄存器。

SMB17：模块 4 错误寄存器。

SMB18：模块 5 识别寄存器。

SMB19：模块 5 错误寄存器。

SMB20：模块 6 识别寄存器。

SMB21：模块 6 错误寄存器。

（9）SMW22 ~ SMW26 字（扫描时间）

SMW22：上次扫描时间。

SMW24：进入 RUN 方式后，所记录的最短扫描时间。

SMW26：进入 RUN 方式后，所记录的最长扫描时间。

（10）SMB28 和 SMB29 字节（模拟电位器）

SMB28：存储器模拟电位器 0 的输入值。

SMB29：存储器模拟电位器 1 的输入值。

（11）SMB30 和 SMB130 字节（自由端口控制寄存器）

SMB30：控制自由端口 0 的通信方式。

SMB130：控制自由端口 1 的通信方式。

（12）SMW31 和 SMW32 字节（EEPROM 写控制）

SMB31：存放 EEPROM 命令字。

SMW32：存放 EEPROM 中数据的地址。

（13）SMB34 字节和 SMB35 字节（定时中断时间间隔寄存器）

SMB34：定义定时中断 0 的时间间隔（5~255ms，以 1ms 为增量）。

SMB35：定义定时中断 1 的时间间隔（5~255ms，以 1ms 为增量）。

（14）SMB36 ~ SMB65 字节（HSC0、HSC1 和 HSC2 寄存器）

用于监视和控制高速计数 HSC0、HSC1 和 HSC2 的操作。

（15）SMB66 ~ SMB85 字节（PTO/PWM 寄存器）

用于监视和控制脉冲输出（PTO）和脉宽调制（PWM）功能。

（16）SMB86 ~ SMB94 字节（端口 0 接收信息控制）

用于控制和读出接收信息指令的状态。

（17）SMB98 和 SMB99（扩展总线错误计数器）

当扩展总线出现校验错误时加 1，系统得电或用户写入 0 时清 0，SMB98 是最高有效字节。

（18）SMB130（自由端口 1 控制寄存器）。

（19）SMB131 ~ SMB165（高速计数器寄存器）

用于监视和控制高速计数器 HSC3~HSC5 的操作（读/写）。

（20）SMB166 ~ SMB179（PTO1 包络定义表）

（21）SMB186 ~ SMB194（端口 1 接收信息控制）

（22）SMB200 ~ SMB299（智能模块状态）

SMB200~SMB299 预留给智能扩展模块的状态信息；SMB200~SMB249 预留给系统的第一个扩展模块；SMB250~SMB299 预留给第二个智能模块。

参 考 文 献

[1] 廖常初. PLC 编程及应用[M]. 北京：机械工业出版社，2008.

[2] 黄净. 电器及 PLC 控制[M]. 北京：机械工业出版社，2008.

[3] 刘玉娟，周海君，崔健等[M]. 北京：中国电力出版社，2009.

[4] 田淑珍. S7-200PLC 原理及应用[M]. 北京：机械工业出版社，2009.

[5] 段有艳. PLC 机电控制技术[M]. 北京：中国电力出版社，2009.

[6] 王芹，滕今朝. 可编程控制器技术及应用[M]. 天津：天津大学出版社，2008.

[7] 张永飞，姜秀玲. PLC 及应用[M]. 大连：大连理工大学出版社，2009.

[8] 刘永华. 电气控制与 PLC[M]. 北京：北京航空航天大学出版社，2007.

[9] 肖辉，孟令军. 可编程控制器原理及应用[M]. 北京：清华大学出版社，2008.

[10] 王永华. 现代电气控制及 PLC 应用技术[M]. 北京：北京航空航天大学出版社，2003.

[11] 徐国林. PLC 应用技术[M]. 北京：机械工业出版社，2007.

[12] 许翏. 电机与电气控制技术[M]. 北京：机械工业出版社，2005.

[13] 刘子林. 电机与电气控制[M]. 北京：电子工业出版社，2008.

[14] 刘光源. 机床电气设备的维修[M]. 北京：机械工业出版社，2006.

[15] 秦绪平，张万忠. 西门子 S7 系列可编程控制器应用技术[M]. 北京：化学工业出版社，2011.

[16] 赵光. 西门子 S7-200 系列 PLC 应用实例详解[M]. 北京：化学工业出版社，2010.

[17] 于桂音，邓洪伟. 电气控制与 PLC[M]. 北京：中国电力出版社，2010.

[18] 于晓云，许连阁. 可编程控制技术应用[M]. 北京：化学工业出版社，2011.

欢迎订阅电子类科技图书

书　号	书　名	定价/元
电子技术基础系列图书		
13256	图解音频功率放大电路（配视频光盘）（胡斌）	48
12761	555 时基实用电路解读（门宏）	29
12648	晶体管实用电路解读（门宏）	29
05700	电子技术（路金星）	30
00736	电子技术基础	16
09587	电子技术速学问答	49
04518	电子设计制作完全指导	39
08071	电子元器件选用与检测一本通	29.8
05699	电工电子技术（郭宏彦）（非电类专业适用）	29
03256	电子产品工艺	42
08157	全国大学生电子设计竞赛赛前训练题精选	39
07823	贴片元器件应用及检测技巧	22
00147	新编通用电子元器件替换手册	95
07050	电力电子技术及应用	36
10334	无线电爱好者——制作与维修	58
05437	电子测量仪器使用和维护	36
08974	卫星电视接收实用技术	48
10009	现代蓄电池电动船舶的电力推进技术	59
电路设计		
02713	Altium Designer6 电路图设计百例	38
06582	Cadence 完全学习手册	56
03962	快速精通 Altium Designer6 电路图和 PCB 设计	49
07626	例解 Protel DXP 电路板设计	42
08572	LED 驱动电路设计与工程施工案例精讲	36
10375	LED 照明驱动器设计案例精解	29
01968	电子电路综合设计实例集萃	30
10507	电子电路识读一本通	39
02237	传感器应用及电路设计	35
实用电路和制作		
13580	面包板电子制作 68 例（附光盘）	29.8
13582	电子电路精选图集 500 例	58
07718	典型电子电路 160 例	22
9348	新编实用电子电路 500 例	40
08048	嵌入式硬件系统接口电路设计	48
电子图说系列图书		
03734	图说 VHDL 数字电路设计	22
04662	图说模拟电子技术	20
01555	图说数字电子技术	16
电子工程设计与应用百例系列		
13807	LED 驱动电路设计要点与电路实例	48
04140	51 单片机应用设计百例	36
06201	555 时基电路应用 280 例	32

书 号	书 名	定价/元
05405	实用电子制作百例	28
05412	数字集成电路应用 260 例	43
02556	Cadence 电路图设计百例	38
零起点系列图书		
06751	零起点就业直通车——电梯的使用与维护	12
06789	零起点就业直通车——电子元器件的识别及安装调试	15
09426	零起点看图学——电子爱好者入门	26
08243	零起点看图学——万用表检测电子元器件	19
集成电路和嵌入式系统		
11583	PSoC 设计指南系列——可编程片上系统 PSoC 设计指南（附光盘）	48
13917	PSoC 设计指南系列——PSoC 模拟与数字电路设计指南（附光盘）	59
12675	PSoC 设计指南系列——8051 片上可编程系统原理及应用（附光盘）	59
14451	PSoC 设计指南系列——Cortex-M3 可编程片上系统原理及应用（附光盘）	78
14958	PSoC 设计指南系列——混合信号嵌入式设计实验指南	48
02230	集成电路设计实例	22
04032	集成电路设计实验和实践	35
07125	集成电路图识读快速入门	25
04384	CMOS 数字集成电路应用百例	36
02948	集成电路测试技术基础（附光盘）	26
8131	现代集成电路测试技术	95
8987	现代数字集成电路设计	35
05781	现代集成电路版图设计	36
8440	运算放大器集成电路手册	98
08959	谐振式高频电源转换器设计	98
7793	DSP 处理器和微控制器硬件电路	58
07486	TMS320F2812 DSP 应用实例精讲	48
03621	数字信号处理器 DSP 应用 100 例	39
微电子技术		
09629	硅基纳米电子学	45
9258	硅微机械加工技术	58
8236	低成本倒装芯片技术——DCA,WLCSP 和 PBGA 芯片的贴装技术	68
8158	微电子机械系统	28
电动自行车		
08680	电动自行车维修自学速成——电动自行车/三轮车图表速查速修	30
09469	电动自行车维修自学速成——电动自行车充电器/控制器图表速查速修	26
11030	电动自行车/三轮车维修实例精选（附光盘）	58

以上图书由化学工业出版社　电气分社出版。如需以上图书的内容简介、详细目录以及更多的科技图书信息，请登录 www.cip.com.cn。

邮购地址：（100011）北京市东城区青年湖南街 13 号　化学工业出版社

服务电话：010-64519685，64519683（销售中心）

如要出版新著，请与编辑联系。

编辑电话：010-64519262

投稿邮箱：sh_cip_2004@163.com